U0190322

长江源区综合科学考察报告 2019

Integrated Scientific Expedition Report on the Headwaters of the Yangtze River 2019

吴志广 徐平 赵良元 等◎著

图书在版编目(CIP)数据

长江源区综合科学考察报告 2019 / 吴志广等著.
—武汉：长江出版社，2020.5
ISBN 978-7-5492-6937-2

Ⅰ.①长… Ⅱ.①吴… Ⅲ.①青藏高原－区域生态环境－科学考察－考察报告－2019 Ⅳ.①X321.27

中国版本图书馆 CIP 数据核字(2020)第 073776 号

长江源区综合科学考察报告 2019　　吴志广 等著

责任编辑：郭利娜
装帧设计：王聪
出版发行：长江出版社
地　　址：武汉市解放大道 1863 号　　邮　　编：430010
网　　址：http://www.cjpress.com.cn
电　　话：(027)82926557(总编室)
　　　　　(027)82926806(市场营销部)
经　　销：各地新华书店
印　　刷：武汉市金港彩印有限公司
规　　格：710mm×1000mm　1/16　13.5 印张　200 千字
版　　次：2020 年 5 月第 1 版　2020 年 9 月第 1 次印刷
ISBN 978-7-5492-6937-2
定　　价：98.00 元

序

长江大保护，从江源开始。

2019 年，是我投身长江治理与保护的第 37 个年头，母亲河奔腾的河水已然成为流淌在我身体内的血液。第一次到长江源，还是 2010 年，我有幸参加长江委组织的长江源区综合科学考察，夜晚雀莫错畔大本营的帐篷时刻在脑海萦绕，见证了长江源头姜根迪如冰川的“第一滴水”。

回顾长江科学院（以下简称“长科院”）长江源综合考察的历程，2012 年是具有里程碑意义的一年。这一年，党的十八大选举产生了新一届中央领导集体。在党的十八大报告中，生态文明建设首次纳入国家发展总体战略；这一年，以党中央正式启动全面深化改革为标志，中国进入新时代，进入实现两个百年梦想、推进中华民族伟大复兴中国梦的崭新时代。为了更好地认识长江源、研究长江源、保护长江源，忠实履行长江生态文明建设的神圣使命，时任长科院院长、党委书记郭熙灵带领长科院人顺应时代发展的需要，在长江水利委员（以下简称“长江委”）老一代科技工作者探索长江源的基础上，于 2012 年启动了新一轮长江源区综合科学考察。长科院组织开展的长江源区综合科学考察，至 2019 年已是第 8 年，从未间断，已成为国内极具影响力的长江源区综合科学考察品牌。这期间，我在长江委转换了几次跑道，2017 年回到长科院任党委书记、副院长，承接了长江源科学考察的接力棒，2018 年和 2019 年两次带队到长江源区。

2019年，在筹划科学考察的过程中，我们深入学习和认真领会习近平总书记2016年1月和2018年4月在推动长江经济带发展座谈会上的讲话精神，从生态系统整体性和流域系统性着眼，提出了“长江大保护，从江源开始”“同饮长江水，共护长江源”的理念，强调更加注重多专业交叉、更加注重现场观察、更加注重对重大科学问题的系统研究，进一步优化科考线路，调整完善了现场科学观测项目，在继续做好一年一度综合科考的同时，根据不同专业的需求，还充分利用江源地区水资源及生态环境观测实验与保护研究基地开展了多频次的现场驻点科学观测。

回想2019年长江源科学考察过程，有很多感人瞬间给我留下了深刻的印象。此次科考队中有13人是80后，孙宝洋博士更是出生于1990年。闫霞是本次考察队的2名女队员之一，因为身体原因，曾出现了严重的高原反应，当我劝其返程的时候，她眼里噙满了泪花，说“您让我再坚持坚持”，最后顽强地完成了预定的考察工作，“女汉子”的称号不胫而走；被队员戏称为“高原渔夫”的李伟，是研究鱼类及水生生物多样性的博士，每一次在冰冷的江源河曲中采集鱼类及水生生物样品后，缺氧造成的眩晕使得他不得不用捕捞网支撑身体……此情此景，我作为考察队领队，既有心理压力，又让我十分感动。

现场考察结束回汉后，以80后为主的队员们及时对样品进行检测，汇总分析现场获取的数据，对考察报告进行了数次集中讨论。在近半年的成稿过程中，队员们既有分工，又有协作，多专业融合交叉，集体主义精神和科学精神得到充分体现。考察报告成果丰富，有些超出了我的认知范围，我尝试将他们的新发现和新认识提炼如下：

(1)长江源区近百年来，干湿交替速率明显增加，在近20年来整体呈现出暖湿化的趋势。未来气候变化预估结果表明，长江源区暖湿化的趋势将会加剧，2021—2050年长江源区年降水量增加约9.8%，气温升高约2.2℃，长江源区水循环系统不稳定性增加，进而使得存量态水资源减少，通量态水资源增加。

(2)近年来长江源区河流径流量和输沙量呈明显增加趋势，汛期各流域径流模数与地表覆盖类型有一定的相关性，流域内分布有冰川和常年积雪的流域其径流模数明显较大；长江源区河流平面形态类型较为丰富，不仅分布有顺直、弯曲、分汊等河型，更广泛分布着游荡河型、沼泽湿地耦合河型等；长江源区曲麻莱段河床沉积物以沙砾石为主，粒度大小垂向波动呈"粗⟺细"交替变化，反映了相应环境下河段水位的变化及多次强弱交替的流水堆积过程。河道表现为次饱和输沙，其20ka以来的沉积物极少，历史沉积以20ka以前为主。

(3)长江源区水质总体上为Ⅰ～Ⅱ类，局部水域TP、COD_{Mn}、Cl^-、SO_4^{2-}、Hg、Fe、Mn和Ti含量超过Ⅱ类水质标准。土壤中重金属含量均低于《土壤环境质量 农用地土壤污染风险管控标准(试行)》(GB 15618—2018)风险筛选值。沉积物金属含量总体上低于长江水系沉积物背景值。长江源区河流水化学

类型主要为 $HCO_3 \cdot SO_4$—$Ca \cdot Mg$ 和 Cl—Na·Ca，主要化学控制类型为岩石风化和蒸发结晶。

(4)首次在长江源区发现了河流内鱼类越冬场，建立了长江源区鱼类越冬场认知，并评估了该越冬场内小头裸裂尻鱼繁殖群体数量约 3.2 万尾，越冬时间至少 7 个月，揭示了温泉是当曲上游鱼类越冬场形成的必要条件；首次解析了当曲生态水文过程，当曲上游鱼类栖息地水温范围为 0～20.1℃，昼夜温差达 15.6℃，水温呈“锯齿状”日节律变化。小头裸裂尻鱼在渔获物中相对重要性指数为 126.79%，为优势种。

(5)长江源区气温升高导致局部沼泽湿地蒸散发量增加和冻土融化，加强了湿地区的水胁迫，削弱了冻土对土壤水分下渗的截留作用，导致土壤水分丧失和湿地退化。此外，新建道路加剧了湿地景观格局的破碎化，截断或削弱了地表水、地下水交换强度，对湿地的退化产生放大作用。

(6)长江源区植被景观格局和植物多样性存在明显的空间异质性，正源、南源和北源各具特点；实验证实，长江源区植物多样性和植被生产力变化符合地带性分布规律，表现为植物生物多样性指数和植被地上生物量指数与经度具有正相关关系，而与纬度和海拔具有负相关关系；发现生态系统退化过程中植被生态指标具有规律性变化的特点，随着生态系统退化等级的上升，植被总盖度逐渐下降，植被地上生物量和物种丰富度先减少，后增加，后又减少，Shannon-Wiener 多样性指数和 E. Pielou 均匀度指数先增加后减少。

(7)长江源区水土流失具有时空分布上的新特点，具有水土流失类型多、复合侵蚀发育、恢复和治理难度大等特点，局部水土流失风险仍然较大是目前的突出问题。土壤可蚀性定量分析结果表明，长江源区土壤可蚀性存在明显的空间差异，北源明显大于长江正源和南源。调查区生态恢复工程治理成效显现，草地持续退化趋势得到遏制，增草效果显现，但是水土流失防治任务依旧艰巨。

(8)长江源区地下水循环周期长，在区域上主要受地质构造控制，而在小尺度上主要受地形地貌与冻土层控制。地下水位埋深浅，蒸发作用强，矿化度高，与地表水交换频繁，且近30年地下水位呈缓慢上升的趋势。

(9)1990—2019年长江源区15个面积大于$10km^2$的湖泊面积总体表现为扩张的变化趋势，各拉丹冬雪山冰川面积呈收缩趋势，并且与其周边的湖泊面积呈负相关关系。

回顾考察感想和总结考察收获的同时，我不得不将画面切换到特别值得一提的场景。2019年长江源科学考察是我们首次与新华社合作，李劲峰、李思远、吴刚三位年轻记者对现场考察进行了全过程跟踪报道。他们在平均4000多米的高海拔地区，背负着十多斤重的采访设备，每天工作十多个小时，非常辛苦。他们白天与队员们一同开展现场考察，夜晚赶制各类新闻稿件，他们的敬业精神和高效工作令人敬佩，宣传报道成果也颇为丰富。新闻通稿、专题报道、微视频、新闻特写，不同视角、形式多样的报道产生了强烈的社会反响：第一篇新闻通稿就被国内外百余家媒体转发，多篇专题报道、微视频、人物专访阅读量超百万，科学考察全程新闻报道阅读量达到千万级，赵良元、任斐鹏、袁喆、高志扬等考察队员因吴刚拍摄的经典写实照成了网红人物。

大量的跟踪报道扩大了本次长江源科学考察的影响力，也引起了许多同行的关注，在表示祝贺的同时，他们纷纷提出希望分享考察成果、共同推动长江源区生态保护和科学研究事业。现场考察结束后，在西宁召开的总结会上，几位媒体人对长江委多年来坚持不懈地开展长江源科学考察给予了积极评价，再次建议我们及时对考察成果进行总结，这也最终促成我们下定决心，出版这份报告。

长江委科学技术委员会于2020年1月19日组织专家召开考察报告咨询会，长江委总工程师仲志余主持会议，夏军院士和徐德毅、李义天、胡维忠、穆宏强、蔡庆华、吴宜进、余启辉、冯明汉、陈剑池等委内外专家参加，专家们高度肯定了考察成果，同时也提出了十分中肯的修改意见，在此表示衷心感谢！

为了“一江清水向东流”，长科院人对长江源的探索仍将持续。年轻人扛起江源保护乃至“长江大保护”的历史重任，我们充满信心，为年轻人点赞！

是为序。

吴志广

2020年5月于武汉

前言

长江源区地处青藏高原腹地，素有“中华水塔”的美誉，是中国重要的生态安全屏障，同时也是气候变化的敏感响应区和生态环境脆弱区。长江源区平均海拔4760m，流域面积约13.82万km^2。长江源区水系包括北源楚玛尔河水系、正源沱沱河水系、南源当曲水系以及干流通天河水系。长江源区内湖泊众多，共有大小湖泊1.1万多个，湖水面积约1027km^2。近50年来，在全球气候变化和人类活动的双重影响下，长江源区内雪线上升、冰川退缩、水土流失、荒漠化和草地退化等环境问题凸显，已直接威胁区域生态安全。做好长江源区的生态环境保护，对维系整个长江流域的生态平衡和促进中下游水资源可持续利用及发展都具有重要的战略意义，在长江大保护中起着举足轻重的作用。

1976年、1978年，长江委(原长江流域规划办公室)两次组织开展长江源科学考察，确定出长江的正源、南源和北源，修正了长江干流的长度。2010年10月，长江委组织开展了第3次长江源综合考察，客观评价了长江源区水资源、水生态、水环境等现状，探查存在的环境问题并提出了相应的对策措施。2012—2018年，长科院又相继开展了8次长江源区多学科综合科学考察活动，对长江源区的水文、河流地貌、水资源、水生态、水环境、水土保持等进行了多专业综合性的科学考察，积累了大量珍贵的长江源区生态环境现状第一手基础数据及资料。特别是2016年以来，在习近平总书记提出的长江“共抓大保护、不搞大开发”的重要战略指导思想指引下，长科院加大了长江源科学考察力度，优化了考察路线，坚持问题导向，针对长江源区面临的突出生态环境问题，增加了与长江大保护相关联的科学考察工作。为深入了解气候变化和人类活动影响下长江源区生态环境现状及变化趋势，2019年长科院再次组织开展了长江源区综合科学考察。

长江是中华民族的母亲河，也是中华民族发展的重要支撑。长江大保护需要从长江源开始，保护长江源是让母亲河永葆生机活力的具体实践，是建设幸福长江的现实需要。作为新时代的长江委人，我们有责任和义务守护好“一江清水”。为增加公众对于长江源区的认识，唤醒全社会保护长江源区生态环境的意识，以及为科学开展长江源区生态环境保护及气候变化下长江源区生态风险预防及适应性管理提供基础数据及对策依据，长科院2019年科学考察队基于考察成果编写了《长江源区综合科学考察报告2019》。

本书由吴志广负责总体策划和审定，徐平负责统稿，赵良元负责组稿。全书共4章，第1章为概述，介绍长江源区概况及科学考察的意义，由吴志广、徐平、赵良元、闫霞、吴庆华、袁喆、任斐鹏、李伟、刘敏负责撰写；第2章为长江源科学考察历程，系统回顾长江委自1976年以来开展的长江源区科学考察历程及成果贡献，由赵良元、刘敏、高志扬负责撰写；第3章为长江源区综合科学考察成果，主要介绍长科院2019年长江源科学考察成果及生态环境存在的突出问题，由袁喆、闫霞、周银军、任斐鹏、刘洪鹄、孙宝洋、赵良元、李伟、刘敏、赵登忠、徐坚、吴庆华负责撰写；第4章为保护建议，主要基于2019年科学考察成果并融合历年考察成果，有针对性地提出了保护长江源区生态环境切实可行的建议，由吴志广、徐平、赵良元、袁喆、闫霞、任斐鹏负责撰写。

参加本次科学考察的单位还有青海省水利厅、青海省水文水资源勘测局、自然资源部国土卫星遥感应用中心和新华通讯社等。2019年长江源区综合科学考察参加人员有：长科院吴志广、徐平、赵良元、王敏、闫霞、袁喆、吴光东、任斐鹏、刘洪鹄、孙宝洋、师哲、李伟、刘敏、徐坚、吴庆华、高志扬，青海省水文水资源勘测局王岗，自然资源部国土卫星遥感应用中心唐新明。新华社李思远、李劲峰、吴刚三位记者参加考察并进行了全程报道，青海雅盛科技有限公司张永、贾乃庆、费顺章等为本次考察提供了保障服务。

本书还得到中央级公益性科研院所基本科研业务费专项“江源地区水循环及生态环境演变与适应性保护研究”(CKSF2019292)、国家重点研发计划专题“长江流域资料贫乏地区泥沙长序列重构技术研究”(2016YFC0402301)、国家自然科学基金项目“长江源区游荡型河道河床演变机理初步研究”(51609015)、中央级公益性科研院所基本科研业务费项目“冻融作用对长江源区土壤可蚀性影响机制研究”(CKSF2019179)、长江科学院创新团队项目“高原河湖立体监测”(CKSF2017063/KJ)的资助,在此一并感谢。由于涉及水利、环境、生态、地质、化学和管理等多个学科,加上作者对一些领域的研究和认知水平有限,不妥之处恳请读者批评指正。

目录

Contents

第1章 概 述

1.1 长江源区概况

1.1.1 区域位置

长江源区位于青藏高原腹地，平均海拔约4760m，以巴塘河汇口为界，流域控制面积13.82万km²，正源沱沱河—通天河全长1174km。

长江源区北侧为昆仑山山脉东段，近东西向，昆仑山以北为柴达木盆地内陆水系；唐古拉山山脉横卧在长江源南侧，其中段为长江源水系与西藏内陆水系及怒江水系的分水岭，东段为长江源和澜沧江源的分水岭；西侧的乌兰乌拉山、祖尔肯乌拉山与唐古拉山连接，分水岭以西为藏北羌塘内陆湖区（史立人，2001），东北侧巴颜喀拉山将长江源和黄河源分割开来（图1.1-1）。

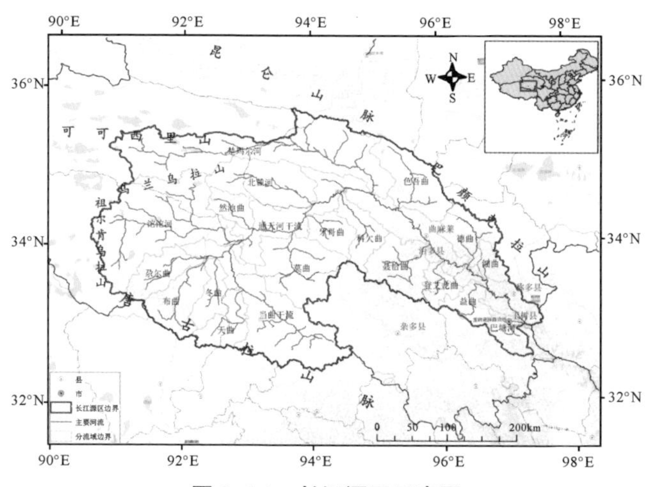

图1.1-1 长江源区示意图

1.1.2 地质地貌

(1)地形地貌

长江源区地势高岭，总体上属于高平原区，主要分布有高平原丘陵、山地、冰川、冻土、沼泽湿地与盆地等地貌类型。高平原丘陵，地势起伏较小，平均海拔约5000m。山地，主要有昆仑山山脉、唐古拉山山脉、可可西里山、祖尔肯乌拉山和巴颜喀拉山。其中昆仑山山脉位于江源边界北部，最高峰海拔为东昆仑山主峰—玉珠峰雪山6178.6m；唐古拉山位于江源区南部，总体走向为近东西向，宽150～200km，山脉两侧高原平均海拔为5000m以上，各拉丹冬雪山高度6621m；可可西里山，属于昆仑山系，为长江北源楚玛尔河与可可西里盆地地表水系的分水岭，在长江源区内山段起伏较小，最高山峰为汉台山5713m；祖尔肯乌拉山，属于唐古拉山系，山脊不连续，东段被沱沱河切断，岗钦雪山主峰最高6137m。巴颜喀拉山，位于楚玛尔河—通天河下端与黄河干流之间，山脉总体呈北西西—南东东。冰川，主要分布在唐古拉山北坡和祖尔肯乌拉山西段。以当曲流域冰川覆盖面积最大，沱沱河流域次之。沼泽湿地，主要分布于长江源区的东部和南部，总面积达1.43万km^2。盆地，主要分布于山脉之间，宽度一般在20km以上，最宽可达100km，且有东西和南北向水系穿越，在盆地内部发育次一级的岭谷构造。

(2)地质条件

长江源区主要地层为石炭系、二叠系、三叠系、侏罗系、白垩系、第三系和第四系。石炭系分布于长江源区中部与东部的当曲—莫曲，地层为那容浦组、俄群嘎组和查然宁组，岩性为砂岩、砂质板岩、灰岩、泥灰岩、生物灰岩夹白云岩等。二叠系分布于沱沱河、当曲及莫曲，地层为下二叠系开心岭群和上二叠统乌丽群，岩性为砂板岩、砂页岩、粉砂质泥岩、含煤岩层、灰岩夹火山岩与石膏薄层等。三叠系分布于唐古拉山东北部,地层为上三叠统结扎群,岩性为石英砂岩、粉砂岩、灰岩硅质岩、生物灰岩等。侏罗系广泛分布于西北部的乌拉湖东南边,构成江源区的主体地层,地层为中侏罗系雁石坪群,属于海相与陆相交互沉积,进一步划分为上灰岩组、上砂岩组、下灰岩组和下砂岩组,上灰岩组分布于沱沱河上游、雁石坪等,岩性以砂岩夹泥灰岩、灰岩夹砂岩为主;上砂岩组分布于冬曲、庭曲和沱沱河上游等,岩性以砂岩、粉砂岩、泥灰岩等为主;下灰岩组分布于沱沱河、雁石坪和庭曲上游等,岩性以灰岩、泥灰岩、砂岩等为主;下砂岩组分布于沱沱河上游、玛曲、雁石坪等,岩性以砂岩为主。白垩系分布于楚玛尔河、勒池曲等,地层为上白垩统,岩性为粉砂质泥岩、粉砂岩、粉砂质页岩夹石英砂岩、中粗粒石英砂岩等。第三系分布于巴颜喀拉山和唐古拉山结合区、唐古拉山、可可西里等,岩性主要有泥灰岩、石膏、砂岩、砾岩等。第四系下更新统分布于昆仑山口楚玛尔河北支流源头,岩性为冰碛物,母岩为泥砂质泥砾,有冰川条痕石;中更新统分布于开心岭、沱沱河及布曲源头等,岩性以钙质胶结泥砾为主;上更新统零星分布于巴颜喀拉山、唐古拉山及布曲等,岩性以松散泥砂质漂砾为主,全新统分布于现代冰川前沿地带与河谷中,形成河谷一、二级阶地,河床与河漫滩堆积层,岩性以砂砾石为主。

长江源区主体构造表现为近东西向的褶皱和断裂构造。区内新生代构造作用主要表现为早期挤压缩短和晚期伸展两种构造形式,早期挤压缩短变形形成一系列走向东西、北西西向的褶皱和逆冲断裂构造,并在晚期递进变形过程中产生北东向和北西向的走滑断层,而晚期伸展变形主要表现为近南北走向的伸展正断层和地堑构造。区内主要褶皱有分布于长江源区东北侧的巴颜喀拉山复向斜和分布于通天河断裂以南的唐古拉山海相盖层褶皱。

长江源区断裂形成于印支—燕山期，以北西—北西西走向为主，具有向北西收敛的特点，间有北东及南北向次级断裂。区内主要发育4个断裂带，即巴颜喀拉山断裂带，从昆仑山口东西延伸，形成南北巴颜喀拉山冒地槽分界，该断裂发育于印支中期初期；西金乌兰湖—扎河断裂带，位于西金乌兰湖北侧—扎兰湖以南，由北西西—北西向断裂群组成；开心岭—莫云北部断裂，位于开心岭西恰日峰南缘至莫云北部；雀莫错—雁石坪—当曲源头断裂，位于沱沱河源—当曲南侧支流源头，由大小不一、倾向一致、相互交错的断裂群组成，主断裂走向为北西向，倾向西南，构成唐古拉山隆南界。

1.1.3 河流水系

长江源区水系可划分为正源沱沱河水系、北源楚玛尔河水系、南源当曲水系以及干流通天河水系。沱沱河发源于各拉丹冬雪山东侧的姜根迪如冰川，以波陇曲汇口为节点分为上下两段，上段为南北流向，主要接纳两侧冰川融水；下段为西东流向，主要流经沱沱河盆地。楚玛尔河发源于昆仑山南支可可西里山黑脊山南麓，流域上游分布有诸多高原湖泊，流域水系呈狭长羽毛状，支流均不长。当曲发源于唐古拉山东段的霞舍日阿巴山东麓的沼泽地，源头段两侧对称平行分布多条支流，流域水系呈扇形，下游较大支流有尕尔曲及二级支流冬曲、布曲。通天河起始于当曲与沱沱河汇口处囊极巴陇，随后基本沿一弧形断裂总体流向北东—东，两侧支流对称分布，形成平行水系。

除此之外，长江源区一级支流左岸从上到下依次为然池曲、北麓河、色吾曲、德曲、细曲；右岸支流依次有莫曲、牙哥曲、科欠曲、聂恰曲、艾登龙曲、益曲、巴塘河。

据统计，长江源区面积最大的河流为当曲，其次为楚玛尔河、沱沱河，流域面积大于5000km^2 的支流有莫曲、北麓河、色吾曲、聂恰曲，以及当曲支流布曲。

长江源区的湖泊总数达 1.1 万多个，湖水总面积约 1027km^2，最大的湖泊面积 145.9km^2。常年水面面积 1km^2 及以上湖泊共计 82 个，面积约 850.58km^2。上述湖泊中淡水湖 35 个，总面积约 301.8km^2，咸水湖 47 个，总面积约 548.78km^2。其中面积前三的湖泊分别为多尔改错、错达日玛和雀莫错。

1.1.4 气象水文

(1)气象

长江源区属高寒半干旱与半湿润气候过渡带，干燥寒冷，太阳辐射强，无霜期短，具有典型的内陆高原气候特征（王根绪等，2001）。根据中国气象数据网（http://data.cma.cn/）所提供的区域内及周边气象站记录的长系列观测资料，1 月气温最低，为−16.7～−7.3℃；7 月气温最高，为 5.9～13.0℃。夏季气温为 4.8～12.1℃；冬季气温为−15.6～−6.0℃。从空间上看，多年平均气温随纬度和海拔的降低而升高，并伴有明显的从西北向东南方向升高的规律。长江源区及周边主要气象站年均气温与年内变化特征如图 1.1-2 所示。

长江源区降水量主要集中在夏季，降水量为 202.6～326.5mm，占全年降水量的 60%～70%；其次为秋季，降水量为 54.2～113.4mm，占全年降水量的 20%左右；冬季降水量最少，仅为 4～17mm，占全年降水量的 2%左右。由于长江源区地形相对平坦，降水量垂直差异并不明显，但在纬向、经向方向差异明显，整体呈现出自东向西随经度减少而减少的特点（图 1.1-3）。

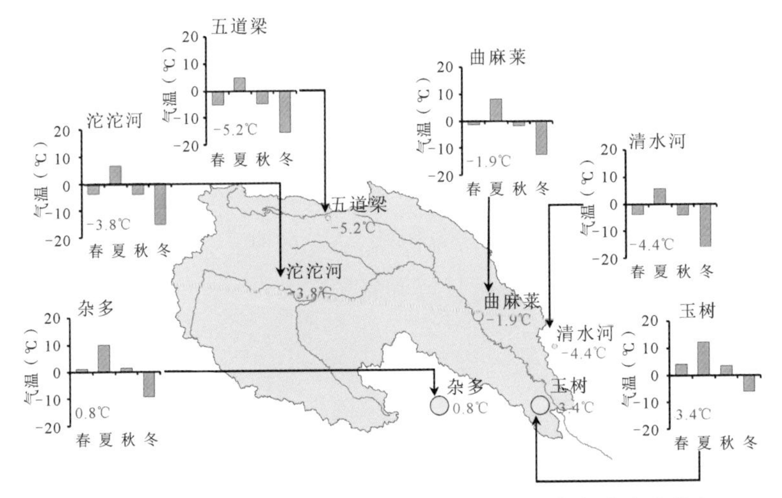

图 1.1-2　长江源区及周边主要气象站年均气温与年内变化特征

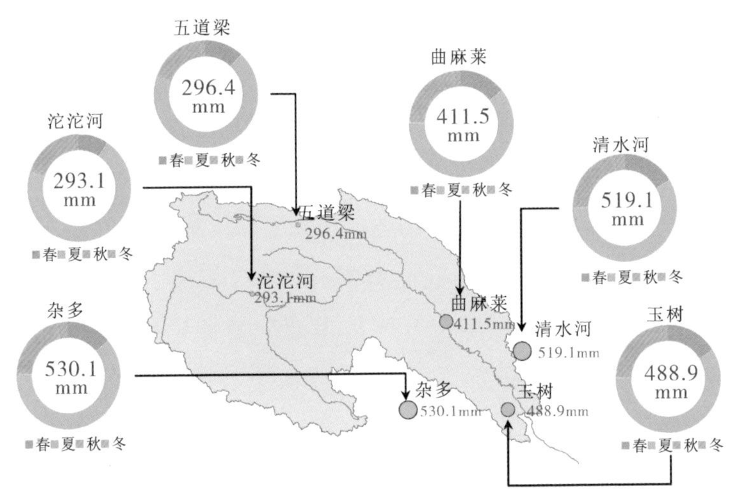

图 1.1-3　长江源区及周边主要气象站年降水量与年内分配特征

长江源区海拔高，气压低，空气稀薄。气压为海平面气压的58%左右，含氧量仅为海平面的43%。由于受高空西风环流的影响，长江源区盛行偏西风，年平均风速1.0～5.0m/s，大风日数较多，风沙天气多发生在每年11月至翌年4月。气象灾害类型多，发生频繁。干旱、雪灾、霜冻、大风、冰雹等都是十分常见的自然灾害。年日照时数在2450～2800h，太阳辐射量为6051～6473MJ/m^2，辐射强烈。

(2)水文

长江源区边缘高山上共发育冰川753条,总面积1276.02km²,冰储量104.41km³(蒲健辰,1994)。长江源区冰川主要分布于昆仑山、唐古拉山及西部的祖尔肯乌拉山,均属于大陆性山地冰川,其中以当曲流域冰川覆盖面积最大,沱沱河流域次之,楚玛尔河流域最小。雪山冰川规模以唐古拉山的各拉丹冬、杂恰迪如岗以及祖尔肯乌拉山的岗钦3座雪山群为大,尤以各拉丹冬雪山群最为宏伟(王辉等,2010)。

自20世纪60年代以来,长江源区冰川总体上呈长期退缩的趋势,1969—2000年源区冰川末端的最大退缩速率为41.5m/a(杨建平等,2003)。位于唐古拉山西部沱沱河源头的最大冰川各拉丹冬冰川,在小冰期最盛期,冰川面积约为948.58km²,至1969年萎缩了5.2%,1969—2000年冰川总面积减少了1.7%。其中退缩幅度最大的是姜根迪如南支冰川,1969—2000年退缩了1288m(鲁安新等,2002)。长江源及周边主要冰川分布如图1.1-4所示。

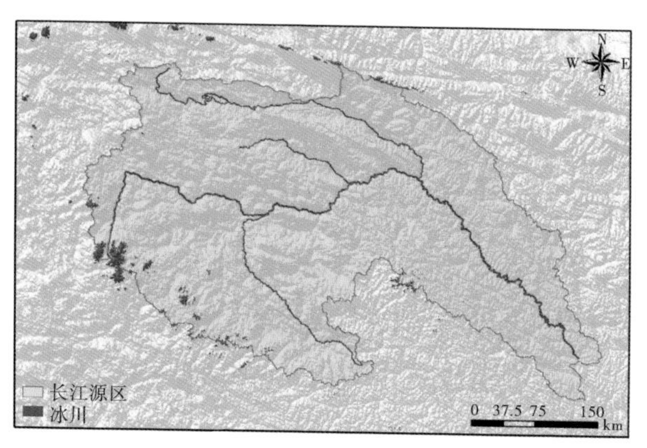

图1.1-4 长江源及周边主要冰川分布(刘时银等,2015)

长江源区沱沱河、直门达站径流年内分配不均。上游沱沱河站最大月径流量出现在8月，为2.9亿m^3，下游直门达站最大月径流量出现在7月，为28.6亿m^3；两站最小月径流量均出现在2月，沱沱河站为0.007亿m^3，直门达站为1.6亿m^3。6—9月径流量占年径流量的比例为70%～85%。长江源主要水文站多年平均径流年内分配过程如图1.1-5所示。

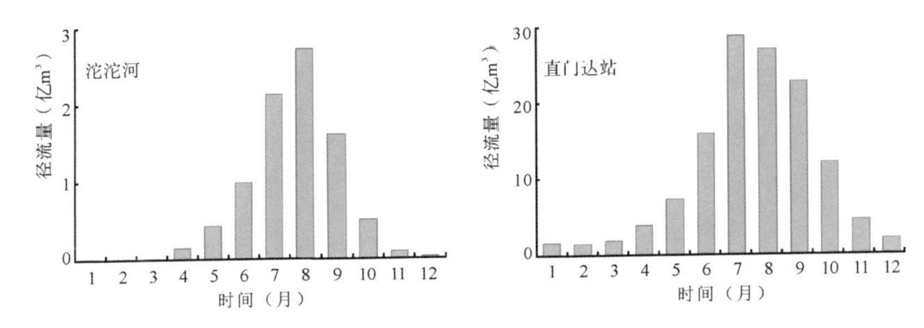

图1.1-5　长江源主要水文站多年平均径流年内分配过程

1.1.5　植被土壤

长江源区植被在生态地域划分上，属于半湿润—半干旱寒冷高原生态系统的青南羌塘草原、荒漠生态区。寒冷与干旱是该区域植被生态系统形成与演化的主要气候环境。由此形成了该区域的植被类型较为简单，从东南到西北，依次分布着高寒灌丛、高寒草甸、高寒草原等主要植被类型，局部生境下分布有垫状植被和高山流石滩稀疏植被。高寒灌丛植被主要以金露梅（*Potentilla fruticosa* L.）和鬼箭锦鸡儿（*Caragana jubata*（Pall.）Poir.）等低矮灌木为优势种；高寒草甸主要以高原嵩草（*Kobresia pusilla* N. A. Ivanova）、高原嵩草（*Kobresia pygmaea*（C. B. Clarke）C. B. Clarke）等为优势种；高寒草原主要以禾本科的植物，如紫花针茅（*Stipa purpurea*）等为优势种。

长江源区土壤类型主要包括高山草甸土、高山草原土和高山荒漠土等类型。其中高山草甸土是长江源区分布范围最广、面积最大的一类土壤，占总面积的60%以上，成土母质以残积物、坡积物、冰碛物、冲积物和洪积物等为主，土壤发育过程中，冻结期长，含水量高，有机物质分解微弱，一般土层厚度小于80cm，粗骨性强；高山草原土也是长江源区重要的土壤类型，分布面积次之，广泛分布在长江源区的西北部及中部滩地，土壤环境多以干旱少雨为主，成土母质以冲积物、洪积物和坡积物为主，土层薄，质地差，多粗砂、卵石，土壤保水性差，植被覆盖差；高山荒漠土一般分布在各大山体的顶部永久冰雪带以下，成土年龄最短，地面多裸露岩石或岩屑，具有土壤发育时间短、土层薄、一般小于30cm、土层结构分化不明显等特征（水利部长江水利委员会，2010）。

1.1.6 水生生物

长江源区浮游植物、底栖动物和鱼类种类较少。近年来，在长江源区共计监测到浮游植物3门59种（属），其中以硅藻门49种（属）最多，占总种（属）数的83.1%；其次是蓝藻门6种（属），占总种（属）数的10.2%；绿藻门4种（属），占总种（属）数的6.7%（陈燕琴等，2017）。底栖动物方面，共监测到底栖动物29种，隶属于11科24属，种类组成上，节肢动物占绝对优势，占总种数的86.2%，占总密度的86.4%，占总生物量的95.8%，直接收集者和撕食者为优势类群（潘保柱等，2012）。

鱼类方面，在整个长江源区发现鱼类2科3属6种，裂腹鱼亚科鱼类两种，为裸裂尻鱼属小头裸裂尻鱼和叶须鱼属裸腹叶须鱼，两者皆为大型经济型鱼类；条鳅亚科高原鳅属鱼类4种，为刺突高原鳅、斯氏高原鳅、细尾高原鳅和小眼高原鳅，均为小型鱼类（武云飞等，1994）。裸腹叶须鱼被列入《中国物种红色目录》（第一卷，

2004)，种群为“易危”等级。

1.1.7 人类活动

长江源区地域辽阔，人口稀少，自然环境恶劣。行政区划上有格尔木市的唐古拉山乡及玉树藏族自治州的曲麻莱县、治多县、称多县、杂多县和玉树市。居民以藏族为主，当地藏族人口占90%以上(钱开涛，2013)。长江源区经济发展程度低，主要是牧业、有限的商业和其他小规模手工业。农业生产活动比较少，仅集中在玉东河谷区。在农牧业中，畜牧业占90%以上(廉丽姝，2007)。

长江源区在20世纪70年代以前，除沿青藏公路和沱沱河附近有少量人员居住和放牧以外，绝大部分地区尚属无人区。随着长江源周边的经济发展，青藏公路不断改造翻新以及输油、通信管线的铺设和商业食宿网点的大量增加，使得人为活动更加频繁，已从公路沿线向源区纵深渗透(陈婷，2009)。

长江源区有国道青藏公路G109和G214线南北贯穿，省道有S308、S309、S312、S217等。青藏铁路是青藏高原地区唯一的一条铁路，主要通过可可西里、唐古拉等地区，总长为447km。根据2012—2016年《玉树藏族自治州年鉴》可知，玉树每年都在新建道路和桥梁(图1.1-6)，其中建设的道路主要包括国道、省道、农村公路等。2011年新建的道路里程最长(共计约3000km)。2014年新建设的桥梁最多(共计约40座)。

根据中国统计信息网(http://www.cnstats.org/)、玉树藏族自治州人民政府网(http://www.yushuzhou.gov.cn/)和《玉树州统计年鉴》(玉树州人民政府，玉树州地方志编纂委员会办公室，2016—2017)所提供的玉树藏族自治州2006—2018年国民经济和社会发展统计资料可知，2006—2018年，玉树藏族自治州人口、旅游接待人次及旅游收入呈现逐年增长趋势(图1.1-7)。

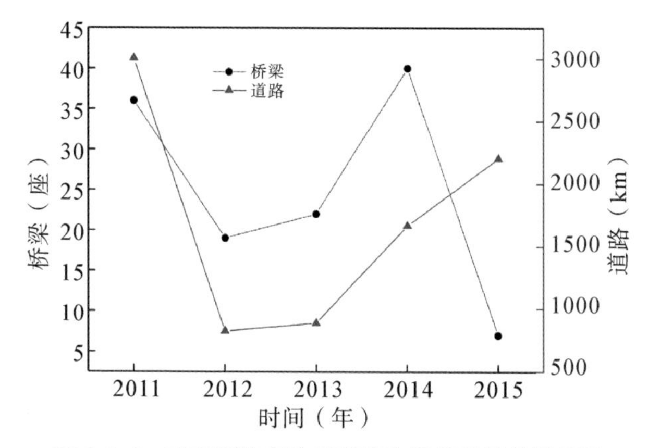

图1.1-6 玉树藏族自治州道路和桥梁建设统计情况

由图1.1-7(a)可知，玉树藏族自治州人口于2007年进入快速增长阶段，2012年进入缓慢增长阶段，2018年达到416600人。

由图1.1-7(b)可知，2006—2018年，玉树藏族自治州的旅游接待人次及旅游总收入变化趋势一致，2006—2013年基本不变，自2014年以后呈现快速增长趋势，2018年旅游接待高达111.7万人次，旅游总收入高达7.3亿元，分别为2013年的609%和758%。

由图1.1-7(c)可知，2007—2018年，耕地面积与畜牧数变化趋势相似，2007—2013年畜牧和农作物总种植面积呈现下降趋势，2014—2016年呈现增加趋势，2017—2018年呈现下降趋势，2018年畜牧233.2万头(只)，耕地面积16.65万亩(1亩=0.067hm^2)。

根据三江源国家公园网站(http://sjy.qinghai.gov.cn/about#basic)提供的长江源区的国家级自然保护区介绍可知，长江源区以楚玛尔河、沱沱河、通天河流域为主体框架，包括长江源区的可可西里国家级自然保护区、三江源国家级自然保护区的索加—曲麻河保护分区。长江源区主要分为核心保育区、生态保育修复区、传统利用区(见附图2)，各区的详细情况如下：

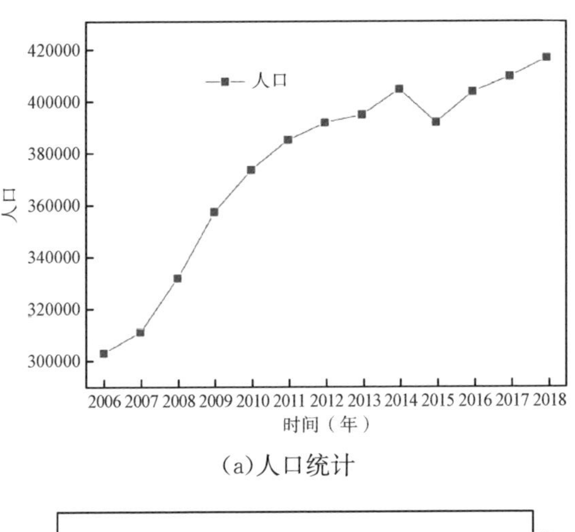

(a)人口统计

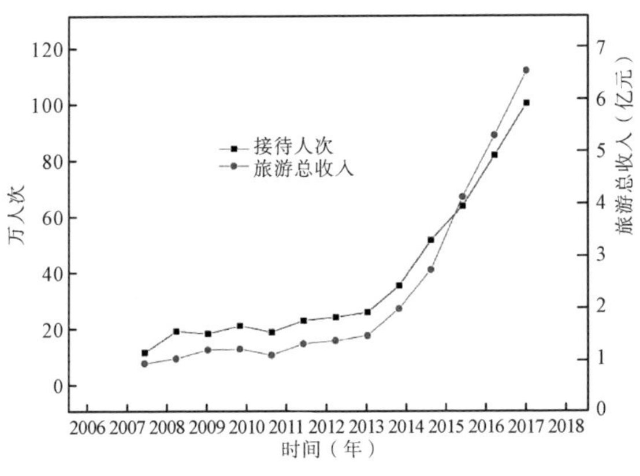

(b)旅游情况统计

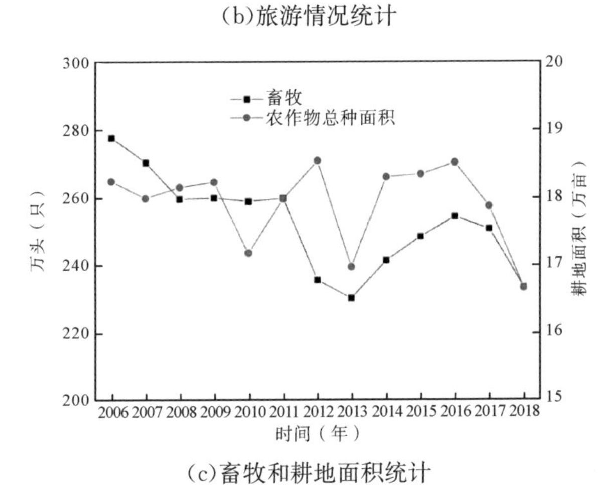

(c)畜牧和耕地面积统计

图 1. 1-7　2006—2018 年玉树藏族自治州人口和旅游统计

核心保育区:区内有可可西里自然保护区和三江源自然保护区的索加—曲麻河保护分区,同时可可西里世界自然遗产地涵盖以上保护区的大部分范围,楚玛尔河国家级水产种质资源保护区也在其中。经现状评价,将两个自然保护区核心区的全部、缓冲区的部分范围划入核心保育区。

生态保育修复区:以索加—曲麻河保护分区相对集中的中度以上退化草地为主,尽量成片划定,加强野生动物保护,开展以自然修复为主、积极人工干预的生态保护和建设,严格限牧禁牧要求,加快草地生态修复。

传统利用区:将中高盖度草地面积占比大、草场资源承载力较好、生态状况保持稳定,具备生态畜牧业发展条件的地块,相对集中、成片划定,在草畜平衡的前提下合理利用草场资源,提高畜牧业产值,保护传统文化。

1.2 长江源科学考察意义

长江是中华民族的母亲河,发源于青藏高原唐古拉山山脉各拉丹冬雪山,干流全长6300余km,流域总面积180余万km^2,是中国第一大河、世界第三大河。

长江源区地处青藏高原腹地,平均海拔4760m,流域面积约13.82万km^2。长江源区水系包括北源楚玛尔河水系、正源沱沱河水系、南源当曲水系以及干流通天河水系。长江源区内湖泊众多,共有大小湖泊1.1万多个,湖水面积约1027km^2。

长江源区特殊的地理位置、丰富的自然资源和生态功能构成了我国青藏高原生态安全屏障的重要组成部分,同时该区域也是气候、生态环境变化的敏感区和脆弱区。过去50年来,在全球气候变化和人类活动的双重影响下,长江源区内雪线上升、冰川退缩、水土流失、荒漠化和草地退化等环境问题凸显,已直接威胁区域生态安全。

保护长江源区生态环境，对维系整个长江流域的生态平衡、促进中下游水资源可持续利用及发展乃至保障我国水安全都具有重要的战略意义，是事关国家生态安全大局，事关中华民族长远利益和永续发展的千秋大计。早在 1976 年，长江委就组织江源考察队走进了长江源区，探明了长江源头所在地，从而确定了长江 6380km 的世界第三长度，从此改写了长江在世界大河的排名。1978 年，又在 1976 年江源首次考察的基础上，再次组织专家深入江源考察，确定出长江的三源：正源沱沱河、南源当曲和北源楚玛尔河。2010 年 10 月，长江委时隔 30 多年后成功组织开展了第三次江源综合考察，这次考察在社会上引起了强烈反响。2012 年以来，作为长江治理与保护的主要技术支撑单位，长科院先后 9 次对长江源区开展了多专业生态环境综合科学考察，对长江源区及相关区域的河道形态、水文泥沙、水资源、水生态环境、高寒草甸生态系统、水土保持、地质地貌等方面进行了全面系统的科学考察，获得了大量珍贵的生态环境现状第一手科学数据及基础资料，在河流地貌与沉积物、鱼类栖息地等方面取得了一系列科学发现，为江源生态环境保护提供了重要的科技支撑。

习近平总书记特别重视科学考察工作，2017 年 8 月 19 日在《致中国科学院青藏高原综合科学考察研究队的贺信》中指出："青藏高原是'世界屋脊''亚洲水塔'，是地球第三极，是我国重要的生态安全屏障、战略资源储备基地，是中华民族特色文化的重要保护地。开展这次科学考察研究，揭示青藏高原环境变化机理，优化生态安全屏障体系，对推动青藏高原可持续发展、推进国家生态文明建设、促进全球生态环境保护将产生十分重要的影响。"总书记要求"聚焦水、生态、人类活动，着力解决青藏高原资源环境承载力、灾害风险、绿色发展途径等方面的问题，为守护好世界上最后一方净土、建设美丽的青藏高原做出新贡献，让青藏高原各族群众生活更加幸福安康。”

长江源科学考察与研究是一项长期而艰巨的科学事业，长江源科学考察在认识长江源、研究长江源、保护长江源中具有不可替代的作用，持续开展长江源科学考察对履行长江水利科技工作者长江大保护职责具有重大的历史意义和现实意义。

(1)持续开展长江源科学考察是认识长江源的现实需要

长江源区海拔高、环境恶劣、交通不便，目前源区水文、水环境监测站点及气象站明显不足，水生态监测站点基本空白，冰川雪山监测体系尚未建立，从而导致对江源的认识有限，掌握的基础数据极为缺乏，现有数据质量难以有效满足科学研究和保护管理的需求。其中，水文泥沙数据主要来源于沱沱河和通天河干流上少数几个水文站，气象数据主要来源于长江源区数量稀少的气象站；近年来遥感影像数据开始广泛应用，但存在多源数据融合难的问题；长江源区河道演变、沼泽湿地、高寒草地、水生生物栖息地等相关资料极度匮乏；而三大源的源头区域基础资料仅靠不同单位现场考察获取，缺乏系统性和连续性。

因此，持续开展长江源区综合科学考察，获取并掌握系统且连续的长江源区水资源、水环境、水生态、水土流失的第一手科学数据，补充现有监测站点的缺项指标，填补源头河段监测资料的空白，对全面系统认识江源，有力支撑长江源科学研究工作意义重大。

(2)持续开展长江源区综合科学考察是研究江源的根本需要

一方面，长江源区水系发达，湖泊众多，不仅分布有限制性下切河段的山区河流，而且有更广泛发育的弯曲、辫状、分汊等冲积河型，常见沼泽、湿地、湖泊与河流耦合存在，这些未受人为干扰的原始河流为科学工作者提供了天然的研究场所。另外，过去50年水文和气象资料统计分析研究表明，长江源区气温普遍显著升高，水面蒸发和地温随着气温的升高也不断增加，降水也有增加趋势。这些显著变化将导致冰雪提前消融和加速消融，已经对长江源区水资源安全和生态安全产生严重影响，河湖径流补给和水土流失机理发生变化，水文过程呈现出区域性独特新变化。

长江源区独特的自然地理环境，决定了长江源区水资源和生态环境研究的基础性、长期性和艰巨性，相较长江流域其他区域，长江源区无论是研究深度还是研究广度都亟待加强，特别是在鱼类产卵场、索饵场、越冬场和洄游通道的研究等方面还是空白。面对全球气候变化和人类活动的双重影响，发扬将论文写在祖国大地上的科学精神，持续开展长江源区综合科学考察，对于全面深入研究长江源区水资源、水环境、水生态、植被生态、水土流失现状及演变规律，培养并稳定一支多学科综合交叉的研究团队，为长江大保护、长江生态文明建设及三江源国家公园建设提供基础数据与科学依据，均具有十分重要的意义。

(3)持续开展长江源区综合科学考察是保护江源的迫切需要

党中央、国务院历来高度重视包括长江源在内的三江源生态环境保护工作，中共中央《关于制定国民经济和社会发展第十三个五年规划的建议》强调:“强化江河源头和水源涵养区生态保护。”

2015年12月9日，习近平总书记主持召开的中央全面深化改革领导小组第十九次会议审议通过了《三江源国家公园体制试点方案》。2016年3月5日，中共中央办公厅、国务院办公厅印发《三江源国家公园体制试点方案》。2016年3月10日，习近平总书记在参加第十二届全国人民代表大会第四次会议青海代表团审议时强调:一定要生态保护优先，扎扎实实推进生态环境保护，像保护眼睛一样保护生态环境，像对待生命一样对待生态环境，推动形成绿色发展方式和生活方式，保护好三江源，保护好“中华水塔”，确保“一江清水向东流”。2016 年 8 月 24 日，习近平总书记在青海视察工作时强调：青海生态地位重要而特殊，必须担负起保护三江源、保护“中华水塔”的重大责任。

长江源区是长江整体生态系统不可分割的重要组成部分，也是气候变化和人类活动的敏感区和脆弱区，对长江流域气候系统稳定、水资源保障、生物多样性保护、生态系统安全具有重要影响。着眼于生态系统整体性和长江流域系统性，持续开展长江源区综合科学考察，为长江源区水资源管理、水环境保护、水生态修复、水土流失防治等提供科技支撑，保护好长江源，确保“一江清水向东流”，更好地服务长江经济带发展战略和三江源国家公园建设，对科学制定长江大保护行动计划、保障长江流域高质量发展意义重大。

第2章　长江源科学考察历程

1976年，长江委首次组织江源考察队走进了长江源区，探明了长江源头所在地，确定了长江为世界第三长河，改写了长江在世界大河中的排名。1978年，长江委再次组织专家深入江源考察，确定了长江的三源：正源沱沱河、南源当曲和北源楚玛尔河。2010年，长江委组织开展第3次江源综合考察，客观评价了江源地区水资源、水生态、水环境等现状，探查存在的问题并提出了相应的对策措施。自2012年以来，作为长江流域重要的水利科技支撑单位，长科院已9次对长江源区开展多专业生态环境综合科学考察，对长江源区及相关区域的河道形态、水文泥沙、水资源、水生态环境、高山草甸生态系统、水土保持、地质地貌等方面进行了综合性的科学考察，获得了大量珍贵的生态环境现状第一手基础数据及资料。

此外，长江源科学考察工作也逐渐在国内受到了高度重视。在过去的数十年间，来自国家相关部委、中国科学院、高校及地方地学、生物学、环境科学、经济学等多个领域的科学家，也相继开展了长江源科学考察工作，对长江源区的过去、现在和未来环境变化、人类活动影响等方面的研究做出重要贡献。本章主要对长江委和长科院自1976年以来开展的长江源科学考察历程进行回顾。

2.1　长江源确定

2.1.1　长江正源确定

1976年，长江委会同人民画报社、人民中国杂志社、中央新闻纪录电影制片厂和原青海省水电局等单位，在兰州军区的配合下，组织了第一次长江源考察（石铭鼎，2001），这是世界历史上首次对长江源头水系及其发源地的科学探查（图 2.1-1）。考察时间为 7 月 21 日至 9 月 9 日，共历时 51 天。通过考察，修正了长江的长度，长江长度排名由世界第四改写为世界第三，初步确定沱沱河为长江正源；考察了源头冰川，初步确定了唐古拉山的主峰各拉丹冬西南侧的姜根迪如冰川为长江之源；初步考察了江源水系，发现当曲水量最大，约为沱沱河水量的 5 倍，同时将尕尔曲、布曲相继归并为当曲的支流。此次考察引起国内外的广泛关注，被知识出版社《中国近现代史大事记》（1982 年出版）列为中国近现代史上的一件大事，2009 年又被中国地理学会和《中国国家地理》推举为中国百年地理大发现之一。

(a)姜根迪如冰塔林

(b)考察队合影

图 2.1-1　1976 年长江源科学考察

2.1.2　长江三源确定

1978 年，长江委会同新华社、中央电视台、中央新闻纪录电影制片厂、上海科学教育电影制片厂等新闻宣传单位，及中国科学院高原生物研究所、兰州大学、原青海省水文总站等参加单位，组织开展了第二次长江源科学考察(图 2.1-2)。考察时间为 6 月 16 日至 7 月 30 日,共历时 45 天(夏鹏章,2001)。通过考察确定了长江的三源:正源沱沱河、南源当曲和北源楚玛尔河;发现整个长江发源地呈扇形水系,由 50 多个雪峰和两条冰川组成,其中姜根迪如冰川汇集了各雪山之融水,形成了长约 12km 的大冰川;复查校正了 1976 年首次进行长江源考察后关于长江河源长度量算的若干误差。此次长江源考察成果为长江流域综合利用规划提供了科学依据,并全面、系统地向国内外介绍和宣传长江(王启发,1981;长江水利委员会,青海省水利厅,2011)。

图 2.1-2　1978 年长江源科学考察

2.2　2010 年长江源综合科学考察

2010 年,长江委组织开展了第三次长江源综合科学考察(图 2.2-1),考察时间为 10 月 20—25 日,共历时 6 天。本次考察主要对长江源区水文、水资源、水生态、水环境、地理、冰川、气象、地质及地球空间信息等进行考察。本次考察获取了大量弥足珍贵的数据、资料、样品和标本,见证了长江源区脆弱的生态环境,对冰川退缩、草场退化、湖泊干涸、湿地萎缩、土地沙化、水土流失、生物多样性降低等现状有了不同程度的认知,对长江源区水资源、水生态和水环境的变化情况、程度、规律、成因有了一些初步的判断和新的认识。此次考察为长江源区的保护规划提供了重要依据，为三江源区的生态保护与修复提供了技术支撑（长江水利委员会，青海省水利厅；2011）。

(a)科学考察启动会

(b)徒步攀登姜根迪如冰川

(c)考察队抵达姜根迪如冰川第一滴水处

(d)科学考察合影

图 2.2-1　2010 年长江源科学考察

2.3　2012—2018 年长江源科学考察

2012 年，长科院组织开展了长江源科学考察（图 2.3-1），考察时间为 7 月 27 日至 8 月 8 日，历时 13 天。此次对长江源区河道形态、水文泥沙、水资源变化及开发利用情况、水土流失现状及成因、水环境水生态状况及地质地貌等进行了科学考察。通过此次考察，初步布设了长期原位定点观测断面，获得了长江源区的水土信息、空间地理信息、水环境、水生态和地质地貌等方面珍贵的第一手资料和数据，对长江源区水资源、水环境、水生态、水土保持等方面现状有了初步的认识，发现并提出了存在的问题及相应保护对策，为开展长江源生态环境基础研究与保护工作奠定了良好的基础（长江水利委员会长江科学院，2012）。

(a)土壤样品采集

(b)直门达样品采集

(c)隆宝滩湿地底栖动物样品采集

(d)楚玛尔河样品采集

图 2.3-1　2012 年长江源科学考察

2013 年 6 月，长科院组织开展了长江源区直门达河段的河流泥沙、水环境、水生态等考察（图 2.3-2）。

图 2.3-2　2013 年直门达河样品采集

2014 年 7 月 17—24 日，长科院组织开展长江源科学考察（图 2.3-3），历时 8 天。本次考察首次对长江南源当曲全面开展科学考察，考察了当曲水资源、水生态、水环境、植被、水土流失、地形地貌、河流泥沙、沼泽的生态环境、源头河流水系发育情况等。考察调研了长江源区水资源及生态环境观测实验与保护研究基地（长江源观测研究基地）选址，对今后开展长江源区生态环境长期定点野外科学观测和基础研究工作均具有重要意义，为促进长江水利事业又好又快发展做出了重要贡献（长江水利委员会长江科学院，2014）。

(a)探讨考察线路

(b)通天河直门达段浮游植物样品采集

(c)当曲沼泽考察

(d)植被考察

图 2.3-3　2014 年长江源科学考察

2015 年 7 月 16—30 日，长科院组织开展长江源科学考察(图 2.3-4)，历时 15 天。此次考察对长江源区的河道河势、水资源、水环境、水生态、水土流失等进行了全面观测和研究。建立了当曲源头查旦乡气象自动监测系统和楚玛尔河水位自动监测系统，实现了数据的实时采集与传输，并为长江源观测研究基地奠定了基础。此次考察进一步掌握了长江南源的生态环境状况，对于加强长江源保护和流域管理起到重要的作用(长江水利委员会长江科学院，2015)。

(a)当曲源头查旦乡气象自动监测站

(b)在楚玛尔河上安装雷达式水位计

(c)布曲与尕尔曲交汇口考察

(d)沱沱河大桥考察

图 2.3-4　2016 年长江源科学考察

2016 年 5 月 30 日至 6 月 6 日，长科院组织开展了长江源科学考察(图 2.3-5)，历时 8 天。本次考察重点是对长江北源和正源的生态环境进行考察，首次开展了楚玛尔河河源考察，钻取了姜根迪如冰心。当年建成了长江源观测研究基地，为长江源的长期深入观测提供支撑。此次考察为理解长江源区现状、演变趋势，制定保护措施和对策，凝练长江源区的科学问题，开展全流域的科学研究工作奠定了基础(长江水利委员会长江科学院，2016)。同年 9 月，长科院又再次组织开展了长江源科学考察工作。

(a)长江源观测研究基地

(b)姜根迪如取冰心

(c)楚玛尔河源区调查

(d)布曲雁石坪河段考察

图 2.3-5　2016 年长江源科学考察

2017年8月22—31日，长科院对长江正源沱沱河、南源当曲和北源楚玛尔河的河道河势、水环境、水生态、水资源、水土流失等开展科学考察（图2.3-6），共历时10天。抵达了沱沱河源头各拉丹冬岗加曲巴冰川，发现了冰塔与冰湖连通的两个冰洞，并在冰湖中发现了4条长鳍高原鳅，同时采用无人机拍摄了岗加曲巴冰川的全景。同年对唐古拉山的典型多年冻土小流域进行了土样、水样采集和观测仪器设备的安装和应用，实现了冰川地形的快速测绘、冰川末端移动的观测、冻土及周边气象环境的远程自动观测。本次考察为长江源区典型河流演化规律研究、三江源国家公园水文水生态监测规划等科研项目提供了数据支撑（长江水利委员会长江科学院，2017）。

(a)抵达岗加曲巴冰川

(b)岗加曲巴冰川洞窟

(c)岗加曲巴冰川前沿冰湖中的高原鳅

(d)尕尔曲考察

(e)各拉丹冬岗加曲巴冰川全景

图 2.3-6　2017 年长江源科学考察

2018 年 7 月 23—31 日，长科院组织开展长江南源当曲、正源沱沱河、北源楚玛尔河和通天河及相关区域的科学考察(图 2.3-7)，共历时 9 天。进一步获得了长江源区水文、河道河势、水资源、水生态、水环境、植被、水土流失、地形地貌、冰川、冻土及土工合成材料性能等相关信息和资料，为三江源国家公园建设、可可西里世界自然遗产地保护提供了科技支撑。本次考察也是落实习近平总书记提出的长江“共抓大保护，不搞大开发”指示精神的一次具体实践(长江水利委员会长江科学院，2018)。

(a)当曲源头鱼类样品采集

(b)楚玛尔河大桥河段考察

(c)冬克玛底冰川冻土观测点

(d)囊极巴陇合影

图 2.3-7　2018 年长江源科学考察

2.4 2019年长江源科学考察

2019年7月29日至8月11日，长科院联合青海省水利厅、青海省水文水资源勘测局、自然资源部国土卫星遥感应用中心及新华通讯社等单位共同组织多学科的考察队，开展了2019年长江源综合科学考察。本次考察由长科院吴志广任考察队队长，考察队由考察组14人、特约记者3人、后勤保障组8人共25人组成。主要对长江正源沱沱河、南源当曲、北源楚玛尔河和通天河的水资源和生态环境状况开展综合科学考察，考察内容包括水文、河流泥沙、河道河势、水环境、水生态、植被生态、水土流失、地形地貌等方面。与往年相比，2019年又增加了分专业科学考察，年内先后4次到南源当曲开展了鱼类栖息地生境调查，开展了玉树孟宗沟小流域及周边典型区水土保持与植被生态相关调查及沼泽湿地演变考察各1次。本次科学考察的采样点布设如图2.4-1所示。

本次科学考察任务繁重，各队员间分工合作，并且按照专业确定小组责任人，及时发现科学问题和总结考察成果。

(1)主要考察工作内容

1)水文水资源专业完成了沼泽湿地的土壤样本采集及土壤水含量测定，完成了地下水样采集。

2)河流泥沙专业进行了河流形态、河床地貌、流速等现场观测，采集了各测点悬移质、床沙质和岸坡土体样品，对各采样河流地貌形态进行了观察和影像采集。

3)水生态水环境专业对河流的水化学特征、水质状况、水生态系统特征、栖息地特征等开展了研究，对采样河段进行了水质、底质、土壤、底栖动物、浮游植物、浮游动物、鱼类及微生物调查及采样，在江源鱼类栖息地方面，开展了长江南源当曲的小头裸裂尻鱼越冬场调查及其生态水文过程研究。

4)水土保持专业考察了玉树典型小流域土壤情况，并采集涉及不同生境的土壤样品，测试指标包括土壤结构、土壤养分等。在采样河段开展了植被生态系统调查，调查内容涉及植物物种组成、植物生物多样性、群落结构、景观生态等。

5)水文地质专业重点了解国家地下水监测工程监测站点的运行情况，以及地表水与河水相互转换关系，对坡体地层岩性进行了记录与测量，开展河间—坡地土壤剖面含水量监测，对降雨—土壤水—地表水—地下水循环模式进行了初步调查。

6)空间测绘专业测量了各现场考察点的准确坐标，对每个采样点分别采集水样，供 TIC/TC 实验分析总碳等参数。拍摄了无人机视频和正射影像，并测量了准确坐标点。

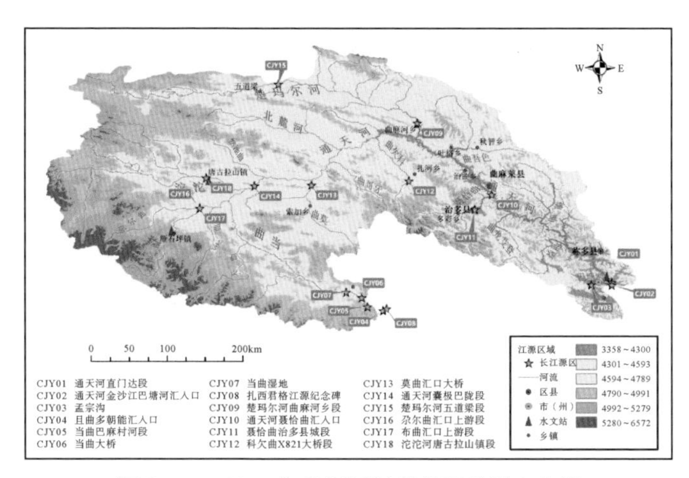

图 2.4-1　2019 年长江源科学考察采样点布设

(2)本次科学考察采集的样品

1)水文水资源专业于 13 处采样地采集土壤样品 39 份，调查植被样方 6 个。

2)河流泥沙专业对 18 个河流断面进行了流速流量观测，采集悬沙样品 18 瓶、床沙样品 17 袋、洲滩及岸坡土样品 18 袋。

3)水生态水环境专业在江源主要干支流共布设16个采样点，共采集样品204份，其中水环境样品133个，水生态样品71份，鱼类382尾，分析了92个指标，定位河流内鱼类越冬场一处，获得4—10月的连续水温、水位数据10080个。

4)水土保持专业在江源主要干支流共布设了12个采样点，共开展植物样方调查14组，采集土壤样品14组。此外，还在玉树典型小流域采集土壤样品17组。

5)水文地质专业测量土壤含水量46组，调查地下水井3处，泉及泉群3处，中型地质滑坡1处，地下水简分析样2组，地下水氢氧同位素2组，地表水氢氧同位素1组，调查地下水开发利用基本情况2处，调查地下水保护1处。

6)空间测绘专业测量了18个观测点的精确坐标，采集水样12瓶供TIC/TC实验分析总碳等参数，无人机拍摄河流地貌和土地覆盖类型视频18处，制作采样点局部的数字正射影像和数字高程模型共10处。

本次考察优化了长江源科学考察技术路线，丰富了长江源科学考察内容，进一步发现长江源存在的生态环境问题，深入凝练了长江源保护的重大科学问题，唤起了全社会保护长江源的责任感和使命感，谱写了长江源保护的新篇章，为长江大保护、三江源国家公园建设、长江源区河湖水资源及生态观测与基础数据整编提供了基础数据(图2.4-2)。

(a)植物生物多样性调查

(b)水样和沉积物样品采集

(c)水生生物样品采集

(d)土壤样品采集

(e)现场资料记录

(f)考察队合影

图 2.4-2　2019 年长江源科学考察

第3章　长江源区综合科学考察成果

3.1　水循环与水资源

3.1.1　长江源区近700年干湿变化特征

利用亚洲季风区帕默尔干旱指数（PDSI）重建格点数据集（Monsoon Asia Drought Atlas，MADA）中位于长江源区的3个格点序列（Cook，2010），对长江源区近700年（1300—2005年）的干湿变化特征进行了分析（图3.1-1）。其结果表明：长江源区经历了显著的丰水期13个、枯水期15个，其中持续时间最长的丰水期为1513—1573年，持续时间最长的枯水期为1389—1414年。相对于其他世纪，近百年来，长江源区干湿交替速率明显增加。

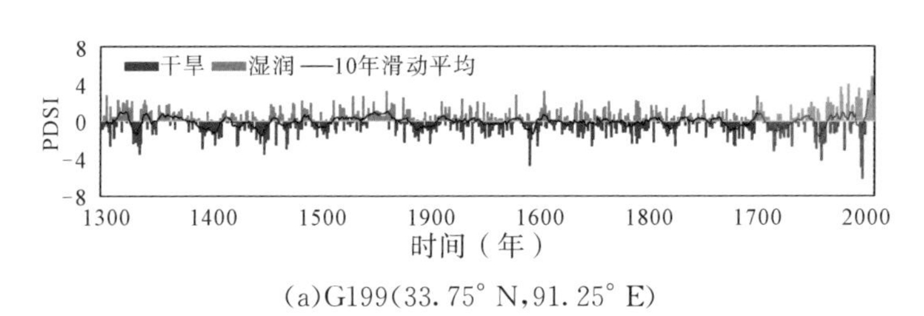

(a)G199(33.75° N,91.25° E)

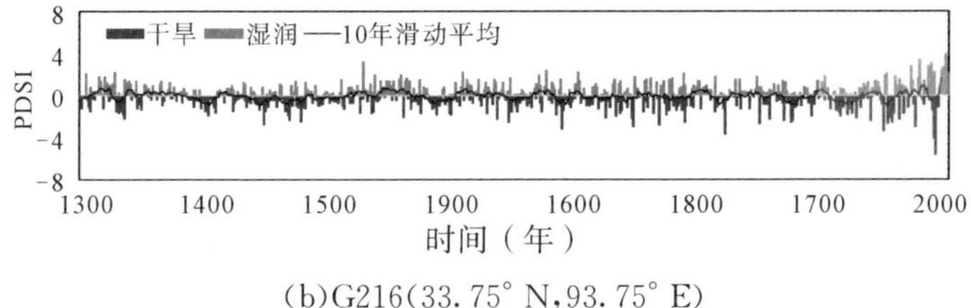

(b)G216(33.75° N,93.75° E)

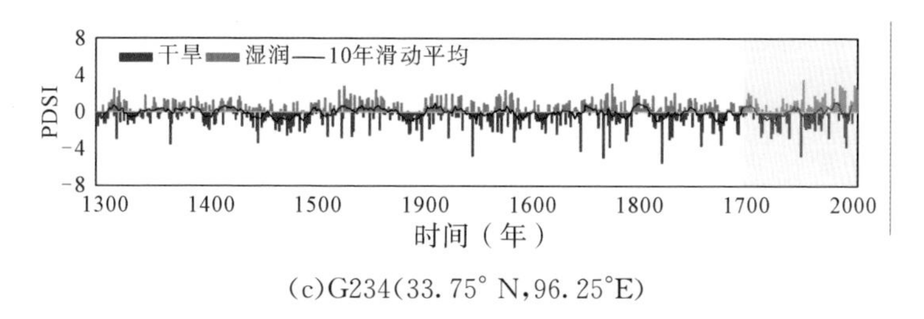

(c)G234(33.75° N,96.25°E)

图 3.1-1　1300—2005 年长江源区 PDSI 时间序列

3.1.2　长江源区近 60 年气象水文要素变化特征

根据中国气象数据网(http://data.cma.cn/)所提供的长江源区内及周边沱沱河、五道梁、曲麻莱、杂多、清水河、玉树共 6 个气象站长系列观测资料分析可知，1956—2018 年长江源区气温和降水均呈现出增加的趋势，该时段内变化的倾向率分别为 0.36℃/10a 和 7.8mm/10a。在 2000 年以后气温和降水的增加趋势更为明显，2001—2018 年多年平均气温和年降水量分别为 －1.0℃ 和 384.4mm，相对于 1956—2000 年的多年平均值分别增加了 1.4℃ 和 11.5%(图 3.1-2)，表明长江源区近 20 年来整体呈现出暖湿化的趋势。

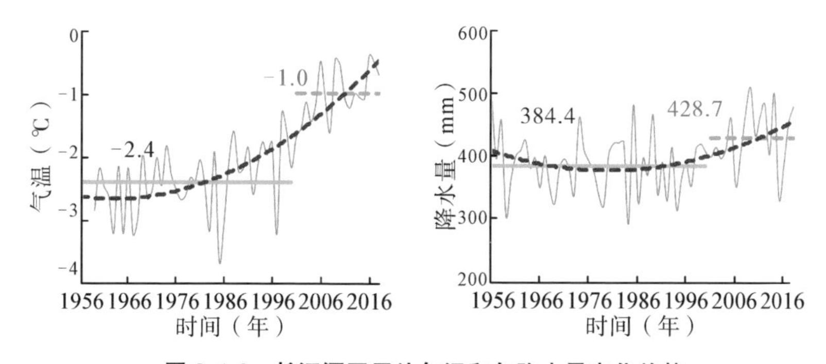

图 3.1-2　长江源区平均气温和年降水量变化趋势

根据中国气象数据网(http://data.cma.cn/)所提供的中国地面降水日值 0.5°×0.5°格点数据集(V2.0)和中国地面气温日值

0.5°×0.5°格点数据集(V2.0)对长江源区气温和降水变化的分析，其结果如图3.1-3和图3.1-4所示。从图3.1-3、图3.1-4中可以看出，长江源区多年平均气温和年降水量均呈现西北低、东南高的特点。近60年来，全流域普遍呈现出暖湿化的特征，其中，正源沱沱河地区温度升高和降水增加的速率明显高于其他地区。

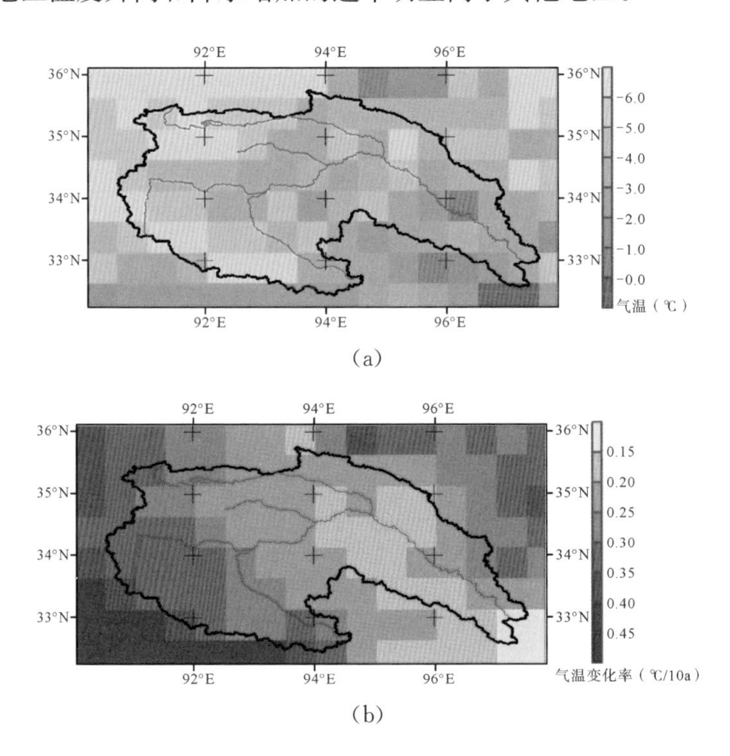

图3.1-3　长江源区气温(a)及变化趋势(b)空间分布

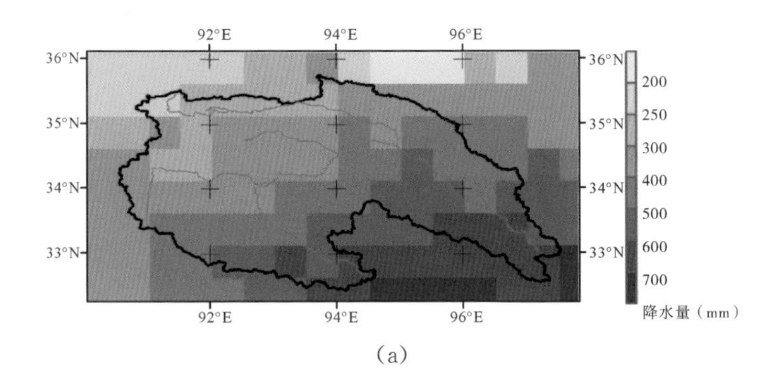

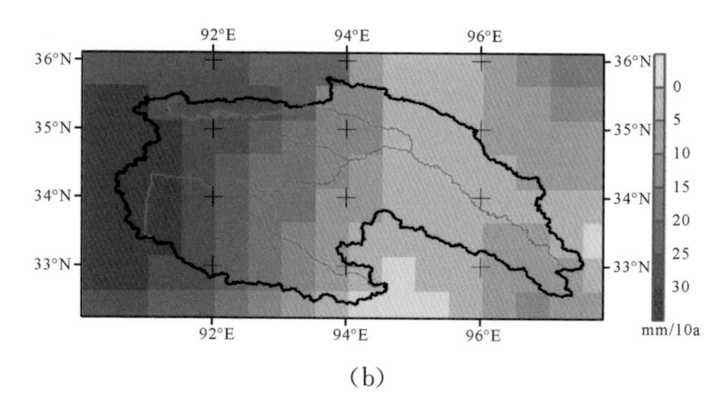

(b)

图 3.1-4　长江源区降水(a)及变化趋势(b)空间分布

3.1.3　长江源区近 60 年水资源量时空演变规律

利用 SWAT 模型对长江源区水循环过程进行模拟，并评估长江源区蓝水、绿水流和绿水存量年际变化过程。长江源区蓝水资源变化趋势与降水一致，均呈现出略微增加的趋势，近 60 年来的递增速率为 2.27mm/10a；受长江源区气温升高及蒸散发增加的影响，长江源区绿水流变化明显，近 60 年来的递增速率为 34.2mm/10a；在上述两者协同变化的条件下，绿水存量在同一时期内没有显著变化(－0.19mm/10a)。综上所述，受气候变化影响，长江源区水循环速率加剧，导致通量态水资源有所增加(Yuan, et al., 2019)。长江源区蓝水、绿水流和绿水存量年际变化如图 3.1-5 所示。

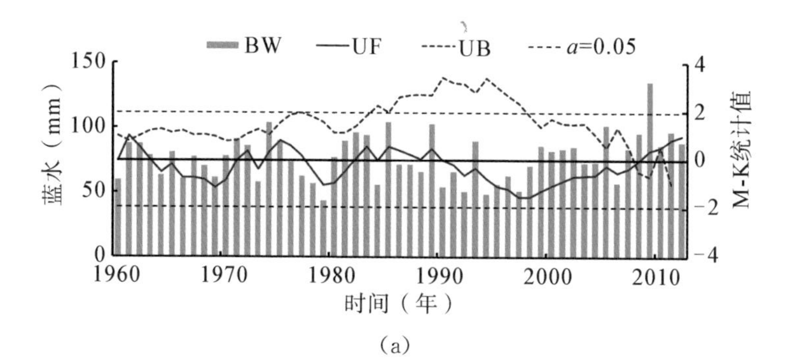

(a)

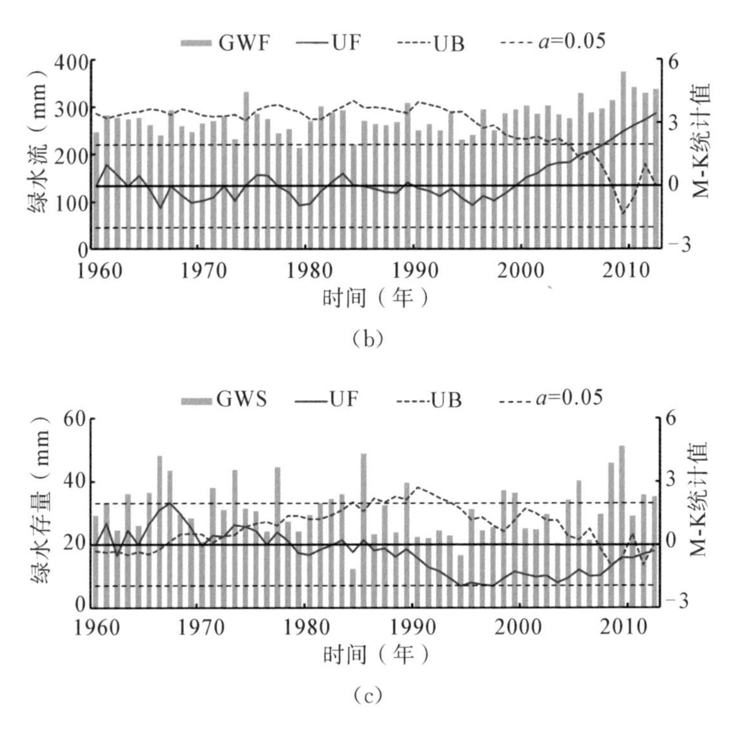

（b）

（c）

图 3.1-5　长江源区蓝水(a)、绿水流(b)和绿水存量(c)年际变化

长江源区蓝水资源空间分布不均，在长江源区南部和东部较为丰沛，而在西北部则相对较少（图 3.1-6(a)）。20 世纪 60—80 年代，蓝水资源在东南部呈现出增加的趋势，但在 20 世纪 90 年代则迅速下降，尤其在长江源区的西部和北部，减少趋势较为明显。相反，2000 年以后，长江源区蓝水资源普遍增加，主要是由于近 10 年来降水和融雪径流的增加。

长江源区高寒地区，区域水分和能量条件是影响绿水流的主导性因素。20 世纪 60—80 年代，长江源区气候条件相对稳定，因此绿水流的空间格局在该时段内变化不大，但在 20 世纪 90 年代长江源西部地区绿水流有所减少，与同期蓝水资源变化特征较为一致。20 世纪 90 年代的年均降水量仅为 317.3mm，远低于其他时期。根据 Budyko 假设，在干旱条件下，区域腾发量主要受降水影响，因此，尽管 20 世纪 90 年代温度升高，但由于降水的减少，导致该时段内绿水流呈现出减少的趋势。此外，Budyko 假设还认为，在湿润条件下，区域腾发量主要受温度的影响，因此在 2000 年以后，随着气温的升高和降水量的增大，绿水流在这种暖湿条件下呈现出增加的趋势(图 3.1-6(b))。

从空间上看，绿水存量呈现出南多北少的特点。长江源区绿水存量在近 50 年期间变化相对较小，主要是降水、蓝水和绿水流的协同变化导致绿水存量相对稳定(图 3.1-6(c))。

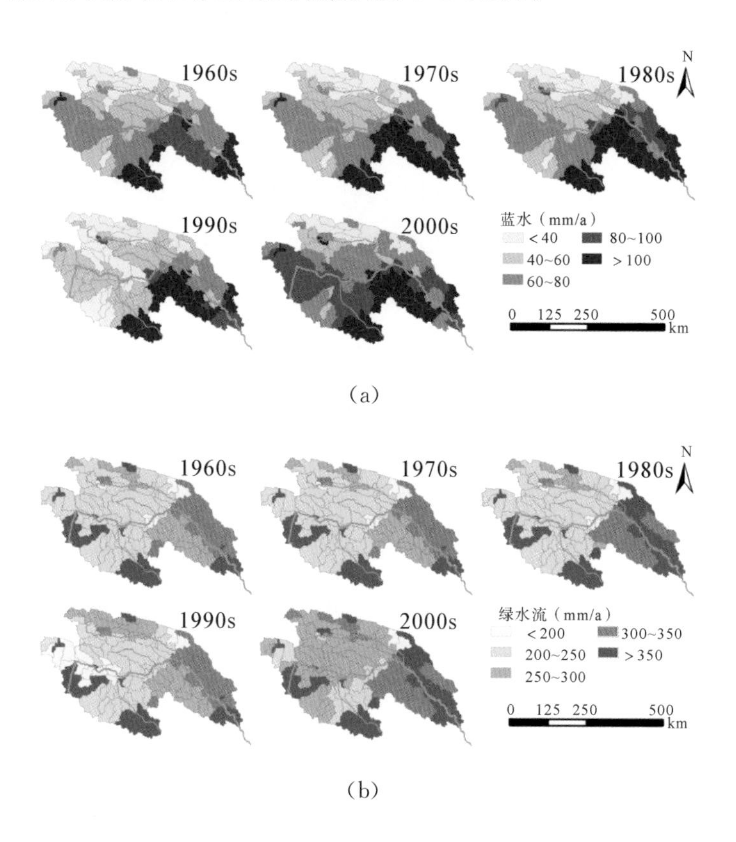

(a)

(b)

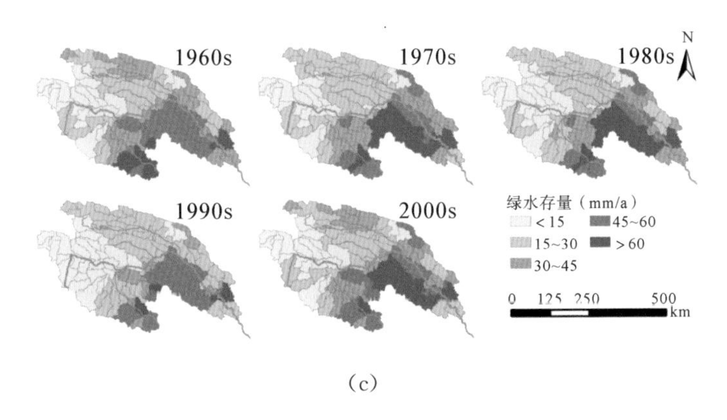

（c）

图3.1-6 长江源区蓝水(a)、绿水流(b)和绿水存量(c)空间变化

3.1.4 未来气候变化下长江源水资源演变趋势预估

利用“跨部门的影响模式比较计划”（The Inter-Sectoral Impact Model Intercomparison Project）提供的5套全球气候模式（GFDL-ESM2M、HADGEM2-ES、IPSL-CM5A-LR、MIROC-ESM-CHEM和NORESM1-M）的插值、订正结果，并结合长江源区水文模型，对气候变化背景下长江源区水循环过程进行模拟，进而预估蓝水和绿水资源的变化特征。多模式集合平均结果表明，与基准期（1961—1990年）相比，在RCP4.5情景下，预计2021—2050年长江源区年降水量增加9.8%，气温升高2.2℃，尽管不同模式给出的结果存在一定的差异，但所选取的5个模式的预估结果均表明未来长江源地区气候将会持续呈现暖湿化的发展态势。

1961—2050年长江源区降水(a)和气温(b)年际变化过程如图3.1-7所示。

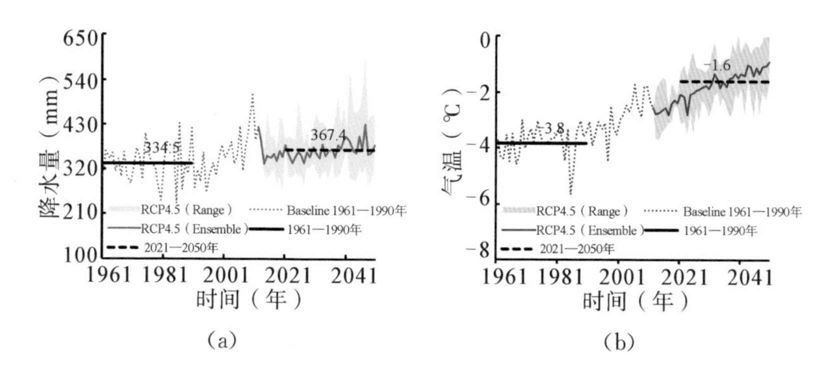

图 3.1-7　1961—2050 年长江源区降水(a)和气温(b)年际变化过程

在上述未来气候变化情景下，长江源区蓝水和绿水存量呈现出一定的减少趋势，而绿水流则呈现出较为明显的增加趋势(图 3.1-8)。但由于各 GCMs 预测的降水存在差异，而蓝水变化与降水变化密切相关，导致不同 GCMs 下蓝水变化具有显著的不确定性，温度是影响绿水流的主要因素，不同 GCMs 下气温预估结果大体一致，因此，绿水流变化预估的不确定性较小。降水、蓝水资源和绿水流均会对绿水存量产生复杂的影响，因此未来绿水存量变化预估的不确定性小于蓝水资源，但高于绿水流。多模式集合平均的结果表明，预计 2021—2050 年长江源区蓝水、绿水流和绿水存量相对于基准期(1961—1990 年)分别变化－0.9％、15.2％和－11.2％。由于气候变化影响的加剧，长江源区水循环系统不稳定性增加，导致存量态水资源减少，通量态水资源增加。

长江源区蓝水、绿水流、绿水存量空间变化存在一定的差异性和不确定性。IPSL-CM5A-LR 和 MIROC-ESM-CHEM 预估得到的蓝水和绿水资源的空间格局与其他三种 GCMs 有较为明显的差别。在 IPSL-CM5A-LR 和 MIROCM-ESM-CHEM 模式下，长江源区大部分地区的蓝水、绿水流和绿水存量均有所增加。其中，在 MIROCM-ESM-CHEM 模式下降水增加幅度最大，因此，长江源区各类水资源增加趋势最为明显，尤其是在正源沱沱河地区，蓝水和绿水流增幅在20%以上，绿水存量增幅在5%以上。但在GFDL-ESM2M、HADGEM2-ES和NORESM1-M下，蓝水和绿水存量减少10%以上，绿水流增加10%左右。

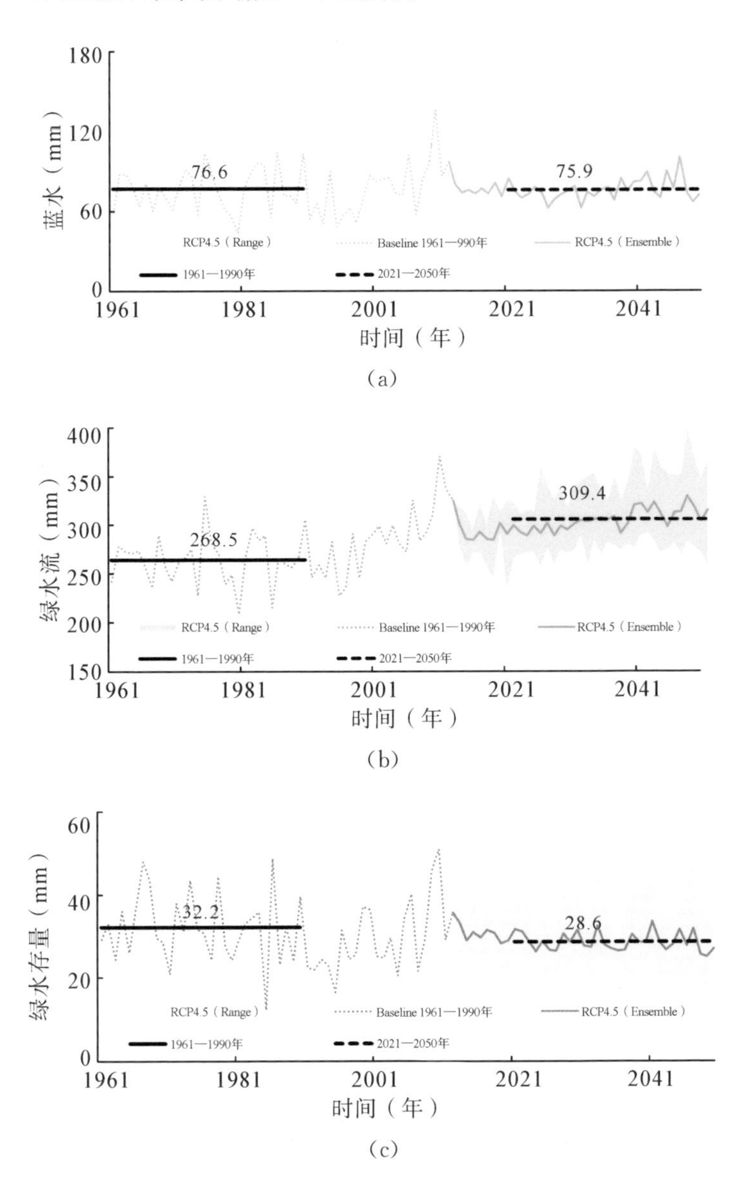

图3.1-8　1961—2050年长江源区蓝水和绿水资源年际变化过程

从多模式集合平均的结果来看，长江正源沱沱河地区和南源当曲地区，蓝水资源增加较为明显，增幅普遍在10%～20%；北源楚玛尔河地区，绿水存量减少趋势较为明显，减幅普遍在15%以上；随着气温的升高，对于绿水流，整个长江源区普遍呈现出增加的趋势，增幅为10%～20%。2021—2050年长江源区蓝水资源、绿水流、绿水存量三者空间变化特征预估分别如图3.1-9、图3.1-10和图3.1-11所示。

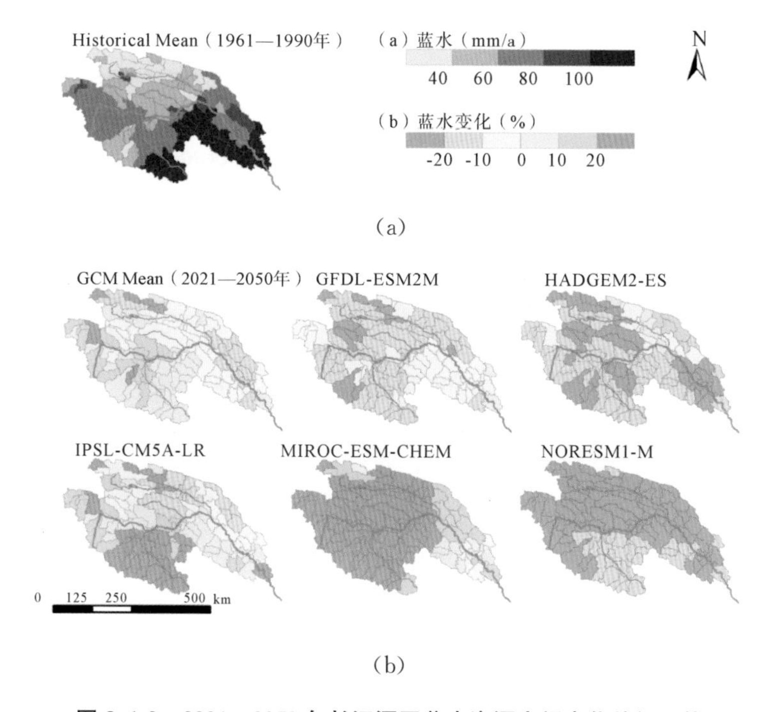

图3.1-9　2021—2050年长江源区蓝水资源空间变化特征预估

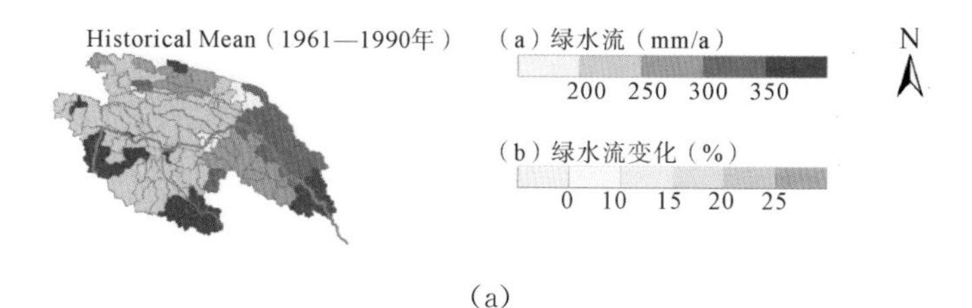

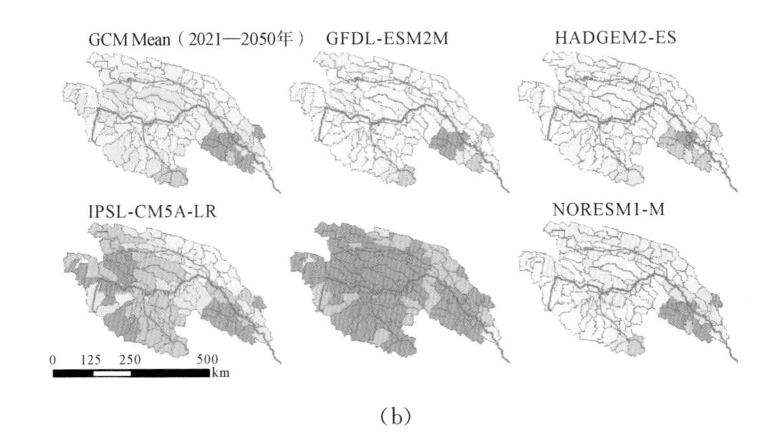

图 3.1-10　2021—2050 年长江源区绿水流空间变化特征预估

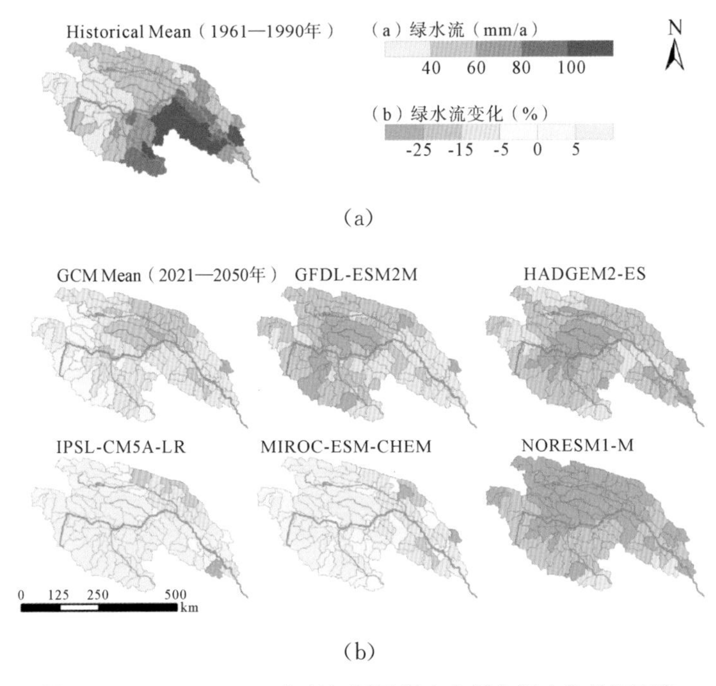

图 3.1-11　2021—2050 年长江源区绿水存量空间变化特征预估

3.1.5　小结与讨论

长江源区近百年来，干湿交替速率明显增加；近 20 年来整体呈现出暖湿化的趋势，2001—2018 年多年平均气温和降水量分别为－1.0℃

和384.4mm，相对于1956—2000年的多年平均值分别增加了1.4℃和11.5%。气温升高将会导致长江源冰川萎缩，厚度减薄，冰川径流增加，此外，也会导致多年冻土面积萎缩，融区范围不断扩大。

受气候变化影响，长江源区水循环速率加剧，导致通量态水资源有所增加，近60年来长江源区蓝水和绿水流均呈现出增加的趋势，递增速率分别为2.27mm/10a和34.2mm/10a。根据CMIP5提供的多套气候变化情景预估成果，未来长江源区暖湿化的趋势将会加剧，但降水的变化存在较大的不确定性，而气温则是会呈现出较为明显的增加趋势。多模式集合平均结果表明，2021—2050年长江源区年降水量增加9.8%，气温升高2.2℃。在未来气候变化背景下，长江源局部地区的蓝水和全域的绿水流均会呈现出一定的增加态势，而绿水存量存在一定的减少趋势。这说明气候变化影响的加剧导致长江源区水循环系统不稳定性增加，进而使得存量态水资源减少，通量态水资源增加。

3.2　河流泥沙

3.2.1　长江源水沙特性及变化情况

3.2.1.1　径流泥沙特征及变化

根据长江源区水文站实测资料统计（表3.2-1），直门达水文站1957—2018年多年平均流量417.41m^3/s，多年平均径流量131.7亿m^3，多年平均径流模数9.56万$m^3/(km^2 \cdot a)$；近10年（2009—2018年）径流量有所增加，年均径流量166.3亿m^3，较多年平均值偏大26.27%。直门达水文站多年平均含沙量0.74kg/m^3，多年平均输沙量973.71万t，多年平均输沙模数71.37$t/(km^2 \cdot a)$；近10年（2009—2018年）年均输沙量1260万t，较多年平均值增加29.40%。

表 3.2-1 长江源区径流输沙特征值

流域	测站	时段	年均流量 (m^3/s)	年径流量 (亿 m^3)	径流模数 (万 $m^3/(km^2 \cdot a)$)	年均含沙量 (kg/m^3)	年输沙量 (万 t)	输沙模数 ($t/(km^2 \cdot a)$)
长江源	直门达	多年平均（1957—2018年）	417.41	131.7	9.56	0.74	973.71	71.37
		近10年平均（2009—2018年）	526.80	166.3	12.08	0.726	1260	91
沱沱河	沱沱河沿	多年平均（1956—2018年）	31.14	9.86	6.17	0.82	105.72	66.39
		近10年平均（2009—2018年）	51.57	16.27	10.22	0.92	162.70	102.17
楚玛尔河	曲麻河乡	2017年	39.06	12.34	6.18	—	—	—
		2018年	61.68	19.58	9.84	—	—	—
布曲	雁石坪	多年平均（1960—1992年，2007—2018年）	26.62	8.4	5.75	—	—	—
		2018年	31.86	10.05	7.02	—	—	—

沱沱河水文站 1956—2018 年多年平均流量 34.14 m^3/s，多年平均径流量 9.86 亿 m^3，占直门达径流量的 7.49%，多年平均径流模数 6.17 万 $m^3/(km^2 \cdot a)$，较直门达偏小 35.46%；近 10 年(2009—2018 年)年均径流量 16.27 亿 m^3，较多年平均值偏大 65.01%。沱沱河水文站多年平均含沙量 0.82kg/m^3，多年平均输沙量 105.72 万 t，多年平均输沙模数 66.39t/($km^2 \cdot a$)；近 10 年(2009—2018 年)年均输沙量 162.70 万 t，较多年平均值增加 53.90%。

楚玛尔河曲麻河乡水文站建于 2016 年，目前仅有 2017—2018 年的观测数据，2017 年年均流量 39.06 m^3/s，年均径流量 12.34 亿 m^3，占直门达径流量的 7%，年径流模数 6.18 万 $m^3/(km^2 \cdot a)$，比直门达偏小 35%。2018 年年均径流量 19.58 亿 m^3，较 2017 年增加 58.67%。

布曲雁石坪站多年平均流量 26.62 m^3/s，多年平均径流量 8.4 亿 m^3，占直门达径流量的 6.38%，多年平均径流模数 5.75 万 $m^3/(km^2 \cdot a)$，比直门达偏小 40%。

年际变化显示(图 3.2-1)1957—2018 年，直门达水文站径流量在 33.47 亿～245.70 亿 m^3 波动，相对变幅为 7.34，变差系数为 0.27，整体呈增加趋势，平均每 10 年增加 7.612 亿 m^3。突变检验法的结果显示，直门达水文站径流量 UF 和 UB 曲线交点为 2005—2007 年。2005 年之前，UF 曲线在 0 值两侧，径流量上下波动，无明显趋势；2005 年之后，UF 值基本位于 0 值以上，说明径流量呈增加趋势。累积距平曲线显示 2005 年发生突变，综上所述，确定直门达水文站径流量发生突变的年份为 2005 年。

直门达水文站输沙量在 129 万～2980 万 t 波动，相对变幅为 23.1，变差系数为 0.59，年际间变化幅度较大。1956—2018 年整体呈增加趋势，每 10 年增加 4.946 万 t。M-K 统计值大部分大于 0，且在 2004—2006 年发生突变。累计距平趋势显示 60 余年以来，直门达水文站输沙量呈现 3 个周期变化，最近两个周期分别为

1967—1993 年、1994—2018 年，均经历了完整的先减小后增加趋势，最低点分别在 1979 年、2005 年。

直门达水文站径流输沙量年际变化如图 3.2-1 所示，直门达水文站径流输沙累积距平曲线如图 3.2-2 所示。

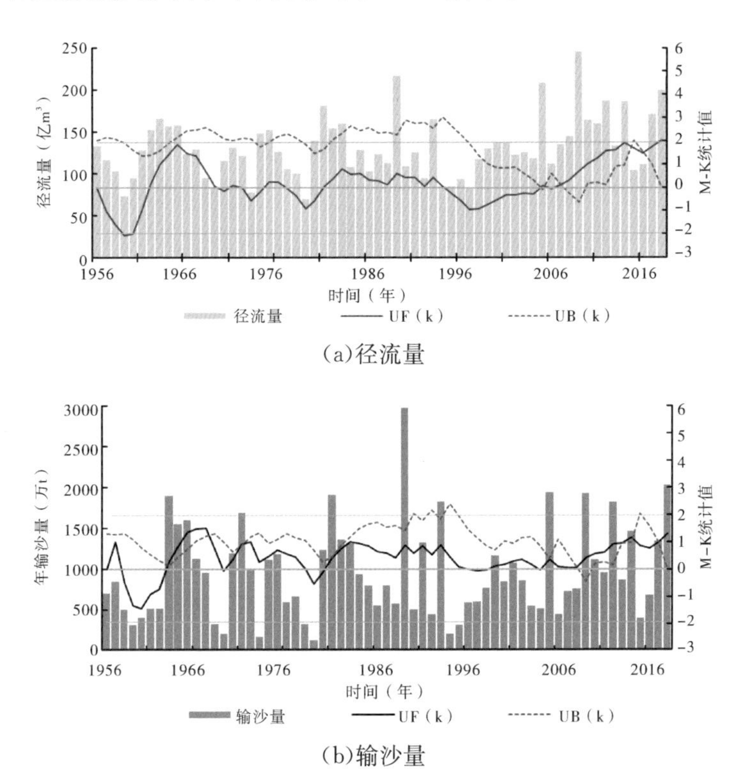

(a)径流量

(b)输沙量

图 3.2-1　直门达水文站径流输沙量年际变化

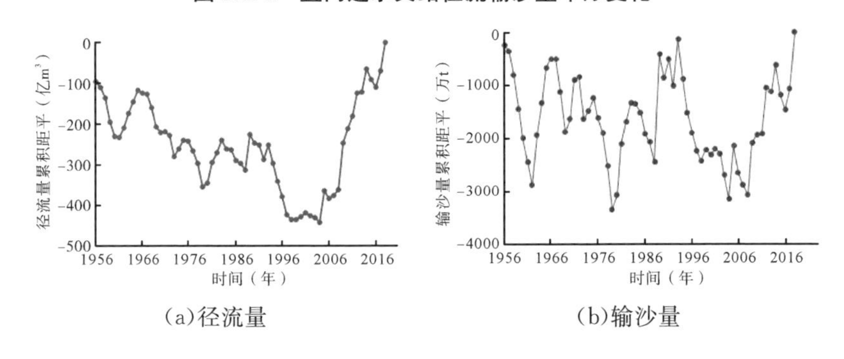

(a)径流量　　(b)输沙量

图 3.2-2　直门达水文站径流输沙累积距平曲线

直门达水文站径流输沙年代际变化如图 3.2-3 所示，可知在 2000 年以前，各年代间径流和输沙均在多年平均值上下波动变化，有增有减；而在 2000 年之后，径流和输沙呈持续增加趋势。径流量 2011—2018 年均值最大，其次为 2001—2010 年；输沙量 2011—2018 年最大，其次为 1981—1990 年。

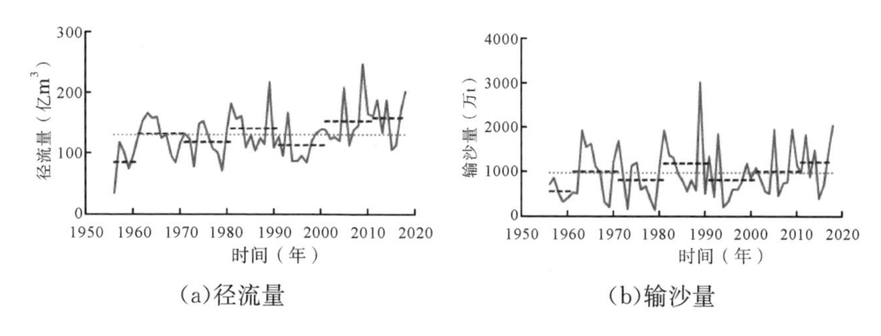

(a)径流量　　(b)输沙量

图 3.2-3　直门达水文站径流输沙年代际变化

年径流量与降水量、温度、实际蒸发量在 0.01 水平上显著相关，相关系数分别达 0.671、0.364、0.699；输沙量与年径流量高度相关，相关系数达 0.842，其次与降水量显著相关，系数为 0.610，与实际蒸发量也呈显著相关，系数为 0.482(表 3.2-2)。

表 3.2-2　水沙与气象因素 Pearson 相关性检验系数

变化量	输沙量	年径流量	降水量	温度	实际蒸发量
输沙量	1	0.842*	0.610*	0.140	0.482*
年径流量	0.842*	1	0.671*	0.364*	0.699*
降水量	0.610*	0.671*	1	0.237	0.625*
温度	0.140	0.364*	0.237	1	0.677*
实际蒸发量	0.482*	0.699*	0.625*	0.677*	1

注：* 表示在 $P<0.01$ 水平(双侧)上显著相关。

3.2.1.2　泥沙特性及变化

（1）泥沙特征

河流泥沙考察断面如图 3.2-4 所示。根据历次野外观测数据，统计了长江源区典型河段水沙情况，如图 3.2-5 至 3.2-8 所示。

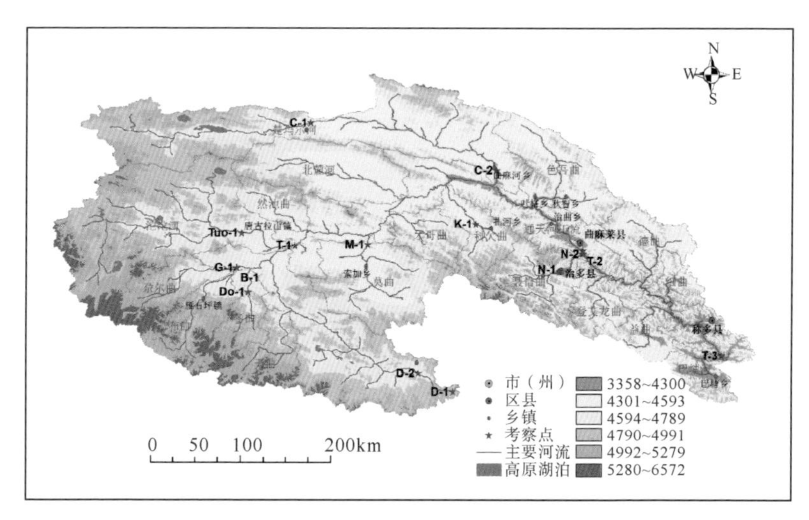

图 3.2-4　河流泥沙考察断面图

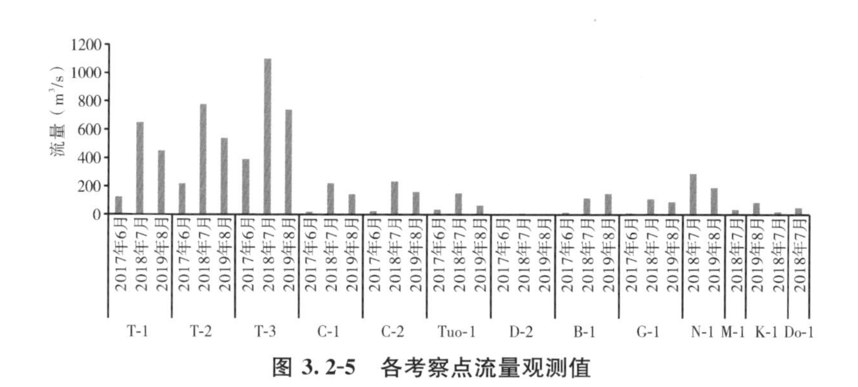

图 3.2-5　各考察点流量观测值

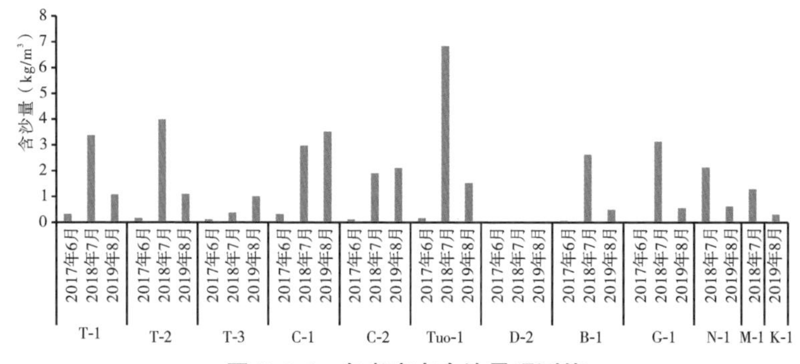

图 3.2-6　各考察点含沙量观测值

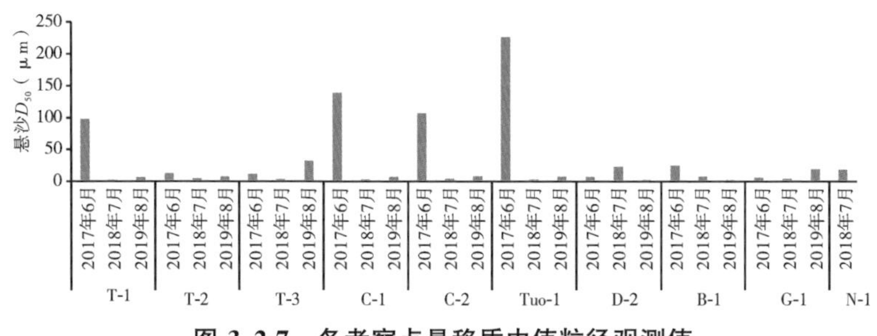

图 3.2-7　各考察点悬移质中值粒径观测值

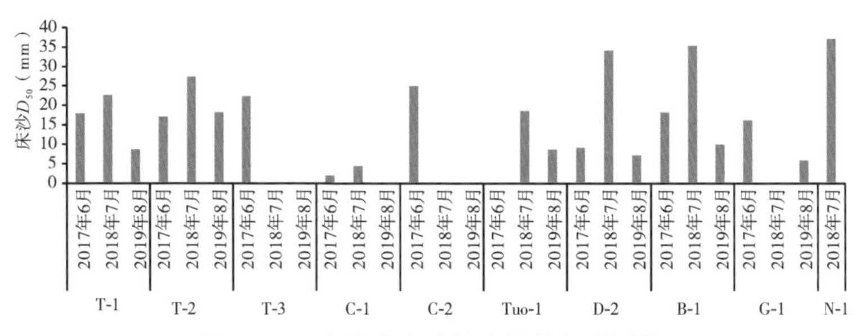

图 3.2-8　各考察点床沙中值粒径观测值

长江源区各河流流量分布有明显的时空差异，近 3 年考察结果来看，2018 年 7 月各考察河流流量最大，2019 年 8 月次之，2017 年 6 月最小；通天河干流流量最大，聂恰曲、楚玛尔河、沱沱河、布曲、尕尔曲相对较大，科欠曲、莫曲、冬曲相对较小，当曲考察点接近源头，集水面积小，观测流量最小。

长江源区各支流含沙量时空分布差异比较明显，且没有明显的规律。一般来看,楚玛尔河五道梁段、沱沱河唐古拉山镇段、通天河囊极巴陇及曲麻莱县城段含沙量较大,科欠曲及当曲源头含沙量相对较小。

长江源区各考察点悬移质中值粒径变幅相对较大,2017 年 6 月沱沱河唐古拉山镇段、楚玛尔河两个河段及通天河囊极巴陇段悬移质中值粒径相对较大,其他河段则相对较小。

长江源区各考察点床沙中值粒径普遍较大,各河段年际间变化规律不一致。

(2)泥沙特性变化

自长科院启动长江源科学考察以来,通过历年河流泥沙专业的考察和取样,收集了多个考察点的水流泥沙资料。将多年观测数据进行对比分析,可知长江源区水沙特性的变化情况。

1)沱沱河。

2016 年、2017 年、2018 年、2019 年均对沱沱河唐古拉山镇段进行观测和取样,其中 2016 年在汛前和汛末各观测一次,各时段河段水流特性如表 3.2-3 所示。

表 3.2-3　　沱沱河唐古拉山镇段不同时段水流特性

考察时间	流速(m/s)	含沙量(kg/m³)	悬沙 D_{50}(mm)	床沙 D_{50}(mm)
2016 年 6 月	0.23	0.113	0.107	0.134
2016 年 10 月	1.33	0.002	0.002	0.105
2017 年 6 月	1.40	0.150	0.236	0.160
2018 年 7 月	1.89	6.820	2.08	0.130
2019 年 8 月	—	1.510	7.00	12.25

沱沱河唐古拉山镇段 5 个时期悬沙级配曲线(图 3.2-9)可以反映出悬沙年内变化趋势,级配曲线从左到右观测时期分别为汛期、汛前、汛后,汛期 7、8 月悬移质含沙量及中值粒径均相对较大,汛前

6 月含沙量及悬沙中值粒径相对较小，汛末悬移质含沙量和中值粒径最小。这说明该河段河流输沙多在汛期、汛前进行，汛后尽管水流动力仍然较强，但输沙量较小。图 3.2-10 为唐古拉山镇段床沙级配曲线，同样表现为汛期床沙中值粒径最大，汛期和汛末中值粒径相差不大。

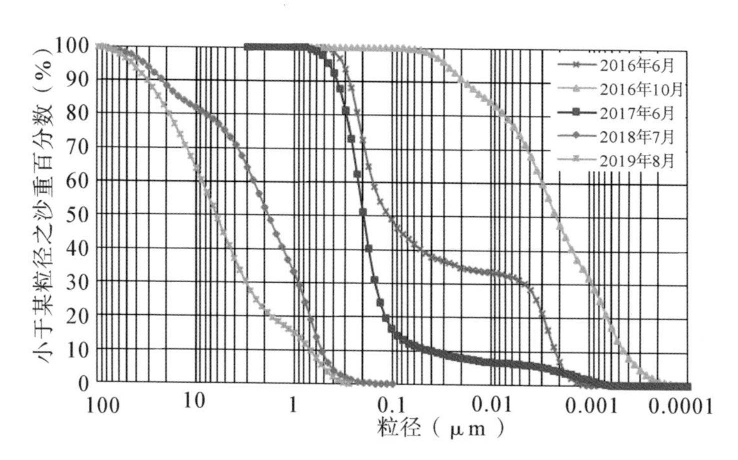

图 3.2-9　沱沱河唐古拉山镇段悬沙级配曲线

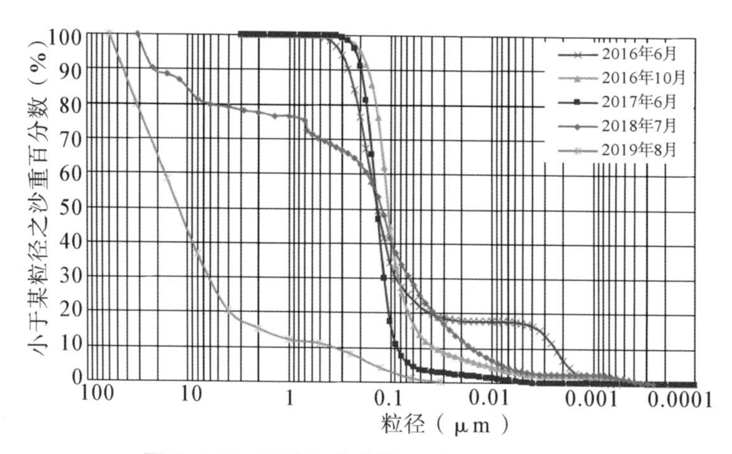

图 3.2-10　沱沱河唐古拉山镇段床沙级配曲线

2)楚玛尔河。

收集了楚玛尔河五道梁段 2016 年、2017 年、2018 年实测水沙资料，如表 3.2-4 所示。

表 3.2-4　　楚玛尔河五道梁段不同时段水流特性

考察时间	流速(m/s)	含沙量(kg/m³)	悬沙 D_{50}(mm)	床沙 D_{50}(mm)
2016 年 6 月	1.13	1.328	0.108	0.245
2016 年 10 月	1.45	0.440	0.005	0.005
2017 年 6 月	1.10	0.300	0.138	0.080
2018 年 7 月	1.50	2.96	2.270	1.880
2019 年 8 月	2.17	3.5	6.371	4.300

楚玛尔河五道梁处 5 个时段观测数据对比可知，汛期 7、8 月悬移质含沙量及中值粒径较大，汛期 6 月其次，汛末最小(图 3.2-11)。床沙中值粒径表现出同样的规律(图 3.2-12)。

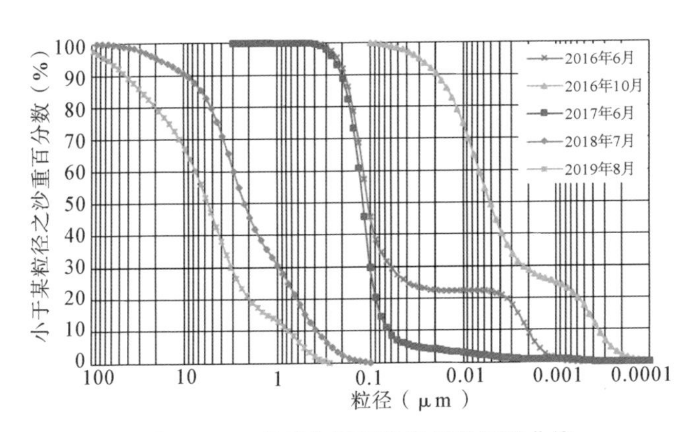

图 3.2-11　楚玛尔河五道梁悬沙级配曲线

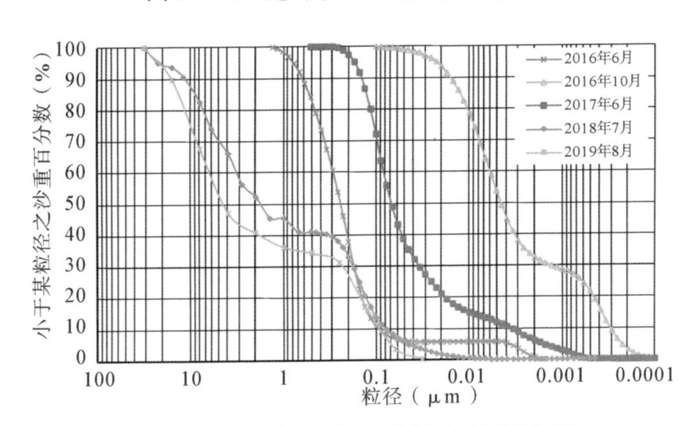

图 3.2-12　楚玛尔河五道梁床沙级配曲线

(3)通天河

收集了通天河囊极巴陇、曲麻莱、直门达3个考察断面近年实测水沙资料,如表3.2-5、图3.2-13、图3.2-14。

表3.2-5　通天河各考察河段不同时段水流特性

河段	考察时间	流速(m/s)	含沙量(kg/m^3)	悬沙 D_{50}(mm)	床沙 D_{50}(mm)
囊极巴陇	2016年10月	1.63	0.100	0.003	0.140
	2017年6月	2.10	0.300	0.100	17.80
	2018年7月	2.55	3.360	0.002	22.50
	2019年8月	1.13	1.060	0.006	8.50
曲麻莱	2017年6月	2.78	0.148	0.01	16.94
	2018年7月	1.31	3.960	0.004	27.20
	2019年8月	2.50	1.08	0.07	18.00
直门达	2014年7月	2.00	0.240	0.003	0.153
	2017年6月	1.55	0.100	0.011	22.16
	2018年7月	2.50	0.360	0.003	0.14
	2019年8月	—	0.987	0.031	—

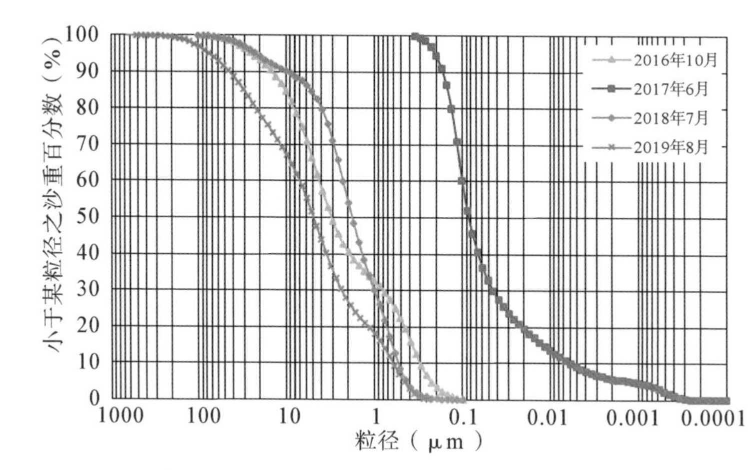

图3.2-13　通天河囊极巴陇河段悬沙级配曲线

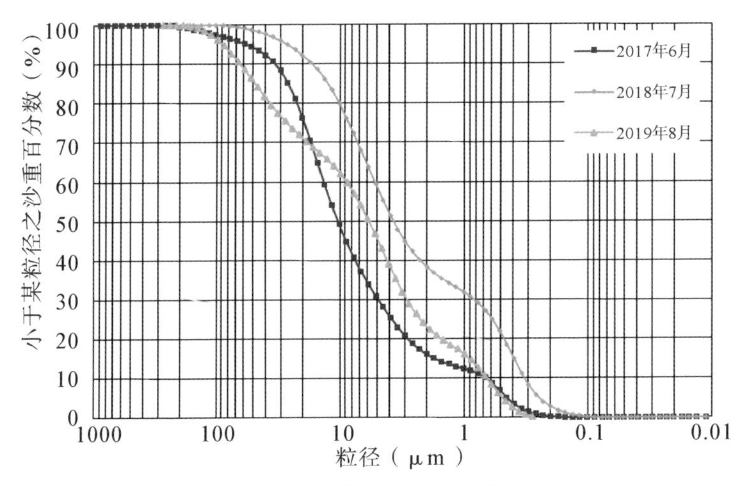

图 3. 2-14　通天河曲麻莱河段悬沙级配曲线

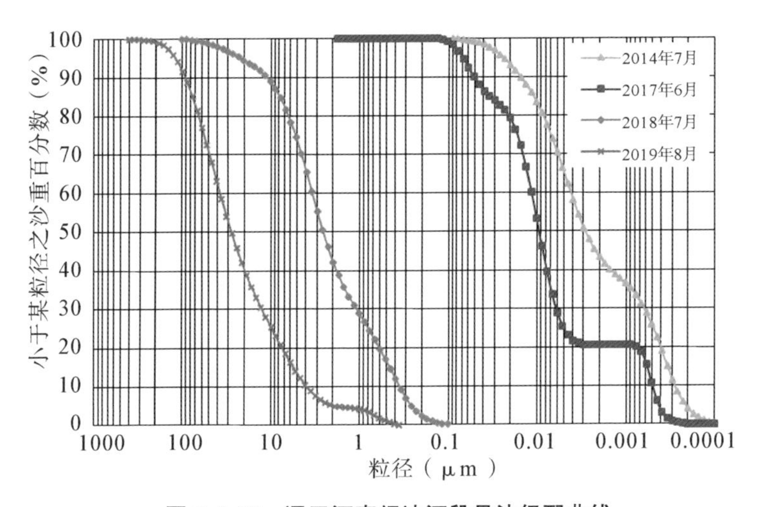

图 3. 2-15　通天河直门达河段悬沙级配曲线

通天河沿程 3 个河段悬移质含沙量和悬沙中值粒径同样表现为汛期最大、汛前其次、汛末最小的规律，其中直门达河段汛期和汛前相差较大。

3.2.2　河谷形态调查及典型游荡河型演变规律

3.2.2.1　长江源区河谷形态

通天河自囊极巴陇至直门达水文站，全长约 886km，河道坡降沿程逐渐变陡。囊极巴陇断面（T-1）河谷宽浅，两侧谷坡平缓，左侧为囊极巴陇山体，右侧则无明显约束，此处河道床面宽约 3.4km（表 3.2-6），水流散乱，汊道纵横，洲滩密布，平面呈现游荡型，洲滩组成多为砂砾石且无植被；曲麻莱河段观测断面（T-2）河谷相对宽浅，两侧有山体约束，河道平面呈弯曲分汊形态，河漫滩及两岸阶地发育完整，河道中部有江心洲分布，洲滩上均有植被；直门达断面（T-3）河谷窄深，两侧谷坡倾角最大可达 60°，河道平面形态单一顺直，河道宽仅 200m，河床组成为卵砾石及漂石。

沱沱河全长约 358km，平均比降为 2.69‰，比降沿程逐渐变缓。唐古拉山段观测断面（Tuo-1）河谷宽 4km，两侧无明显约束，河道宽 1500m，水流散乱，洲滩及岸坡植被稀少，平面形态为游荡型。

楚玛尔河全长约 530km，平均比降 1.27‰，为平均比降最缓的支流，流域上游坡降尤其缓，分布有多个高原湖泊、沼泽。五道梁断面（C-1）河谷宽浅，宽约 5.5km，谷底坦荡，河水呈红色，水流散乱、汊道众多，平面形态为游荡型，两岸植被稀少，洲滩组成多为沙质。曲麻河乡断面（C-2）位于楚玛尔盆地边缘山区地带，两岸岗丘低缓错落，河谷相对宽浅，两侧受山体控制，河道宽约 1km，水流流路不一，洲滩纵横，平面形态为多股分汊型，洲滩上主要为卵砾石且无植被。

表 3.2-6 考察河段河谷地貌形态特征值

河流	河段位置	河段编号	平面形态	局部纵比降(‰)	河谷宽(km)	河床宽(m)	谷坡比降(%)
通天河	囊极巴陇	T-1	游荡	3.63	8	3400	2.21
	曲麻莱	T-2	弯曲	2.95	2.6	915	19.80
	直门达	T-3	顺直	6.42	0.8	100	60.41
楚玛尔河	五道梁	C-1	游荡	7.50	5.5	2850	0.68
	曲麻河乡	C-2	多股分汊	2.90	2.25	1200	8.87
沱沱河	唐古拉山镇	Tuo-1	游荡	2.18	4	1800	0.23
当曲	上游大桥	D-1	顺直	10.59	1	100	3.55
	下游大桥	D-2	多股分汊	18.23	6	1000	0.56
布曲	汇口上游	B-1	顺直	2.44	3.3	900	4.04
尕尔曲	汇口下游	G-1	微弯	3.21	2.7	200	1.77

当曲全长约 357km，河床平均坡降 1.62‰，当曲上游大桥考察断面(D-1)河谷较窄，河道呈沟谷形态，河床为砂砾，主要为灰岩、砂岩、花岗岩与石英岩(李亚林等，2006)；下游大桥考察断面(D-2)位于 D-1 下游 15km 处，此处河谷宽浅，两侧基本无约束，河道水流散乱，呈多股分汊态势，河床仍为砂砾石，洲滩无植被。

尕尔曲及布曲均发源于冰川，河流平均纵比降较陡，其中尕尔曲平均坡降 4.65‰，为考察河流之最。两河汇口上游断面(分别为 G-1、B-1)河谷形态类似，河床相对较宽，平面呈单一微弯河型。

通天河考察点河谷剖面及地貌如图 3.2-16 所示，沱沱河和楚玛尔河考察点河谷剖面及地貌如图 3.2-17 所示，当曲及其支流考察点河谷剖面及地貌如图 3.2-18 所示。

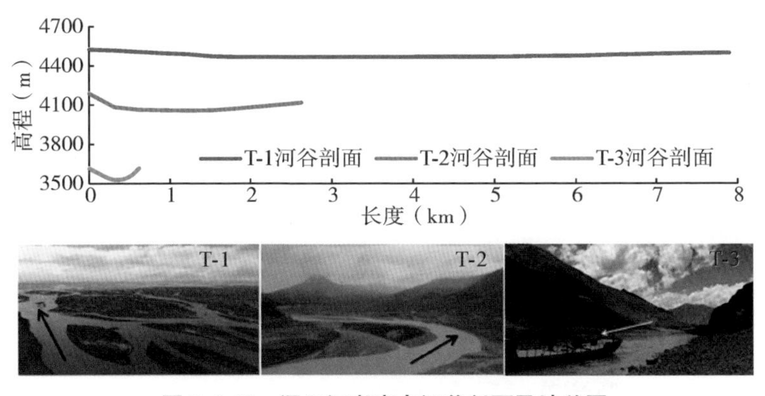

图 3.2-16　通天河考察点河谷剖面及地貌图

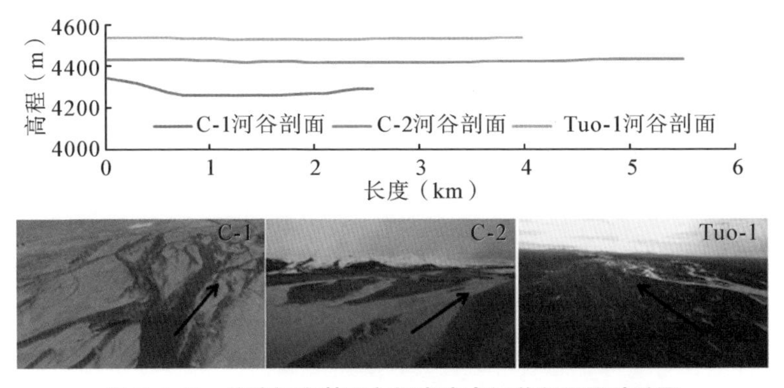

图 3.2-17　沱沱河和楚玛尔河考察点河谷剖面及地貌图

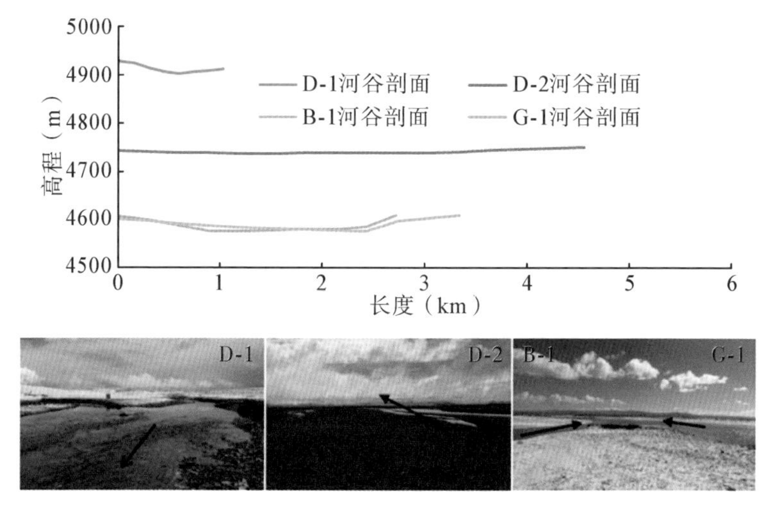

图 3.2-18 当曲及其支流考察点河谷剖面及地貌图

根据现场调查和分析，可将观测河段的河谷地貌分为三类：高原冲积河型、丘陵宽谷河型和高山峡谷河型，其中高原冲积河型河谷宽浅、两岸无明显约束，河床宽也多在 1km 以上，平面为游荡型或多股分汊型；丘陵宽谷河型河谷相对宽浅，两侧或一侧有低矮山体，限制了河道的平面摆动，但由于河道相对较宽，平面除单一河型外，还可发育弯曲分汊或多股分汊形态；高山峡谷河型则河谷窄深，河道受两侧山体控制，平面形态单一(闫霞等，2017)。

3.2.2.2 典型游荡河型演变规律

(1)河段水沙特性

1958—2018 年，沱沱河径流量在 2.8 亿～19.71 亿 m^3 波动，多年平均值为 9.47 亿 m^3。年际径流波动较大，相对变幅为 6.7，变差系数为 0.45，整体呈增加趋势，增加速率为 0.24 亿 m^3/a。沱沱河水文站径流量、输沙量年际变化曲线如图 3.2-19 所示。

由沱沱河水文站径流量和输沙量年际累积距平曲线(图 3.2-20)可知，近 60 年来，沱沱河流域径流量变化主要经历了 3 个阶段：1958—1966 年和 1997—2017 年累积距平明显上升阶段，径流量以增加为主，这两个阶段总体上丰水年份多于枯水年，1967—1996 年累积距平呈显著下降趋势，径流量以减少为主，表明这 30 年枯水年份多于丰水年。M-K 趋势检验及累积距平检验均显示径流量发生突变的年份在 2002 年。

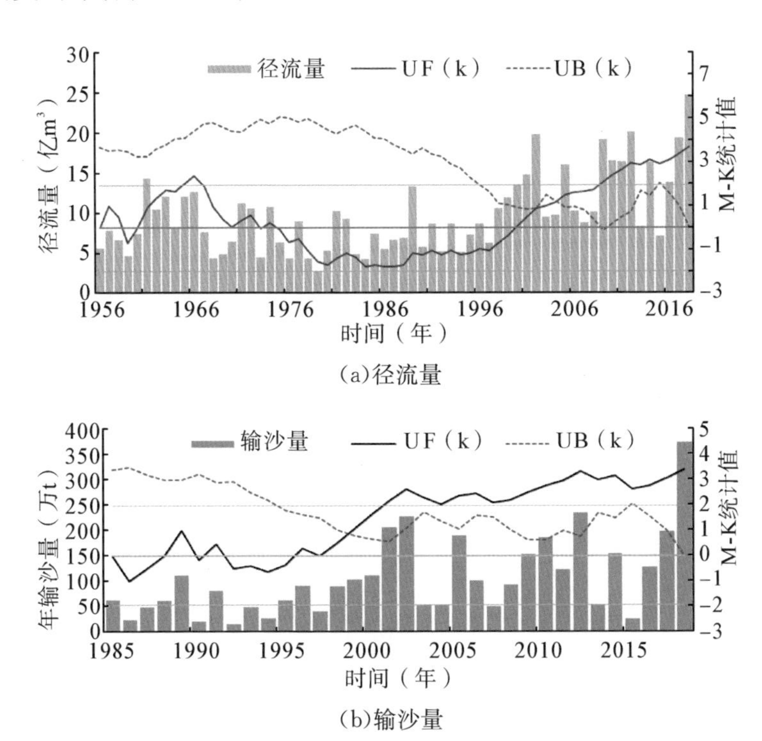

(a)径流量

(b)输沙量

图 3.2-19　沱沱河水文站径流量、输沙量年际变化曲线

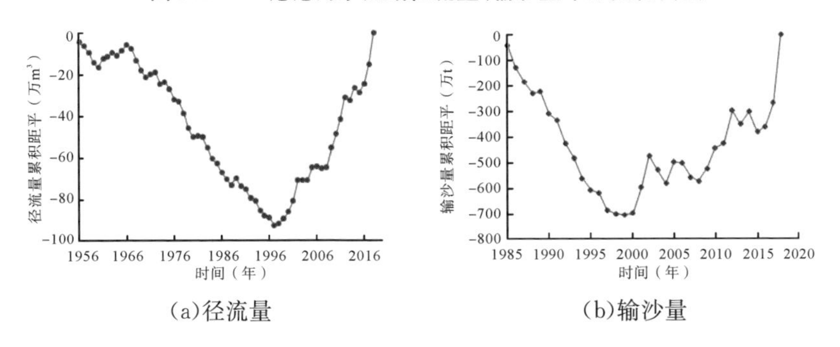

(a)径流量　　(b)输沙量

图 3.2-20　沱沱河水文站径流量和输沙量年际累积距平曲线

1985—2018 年沱沱河输沙量在 15.58 万～373.65 万 t 波动，相对变幅为 23.98，变差系数为 0.75，年际径流波动较大。由输沙量累积距平曲线可知，1985 年以来，沱沱河输沙量整体呈先减小后增加趋势。1985—1997 年，输沙量累积距平趋势持续减小，说明这个期间输沙量均较小；1998 年以后，输沙量累积距平曲线整体呈波动增加趋势，输沙量相对较大。M-K 检验及累积距平曲线显示输沙量产生突变的年份为 1999 年，此后沱沱河输沙量呈持续增加趋势。

沱沱河流域径流主要分布在 5—10 月，占全年径流量的 95%以上。由图 3.2-21 可知，年内流量分配呈“单峰型”，流量最大月份为 7—9 月。90 年代各月流量与上一年代相差不大，8 月份略有下降；2000—2009 年与上一年代相比，各月流量均显著增加，其中 8 月份增幅最长；2010—2018 年各月流量较上一年也有所增加。

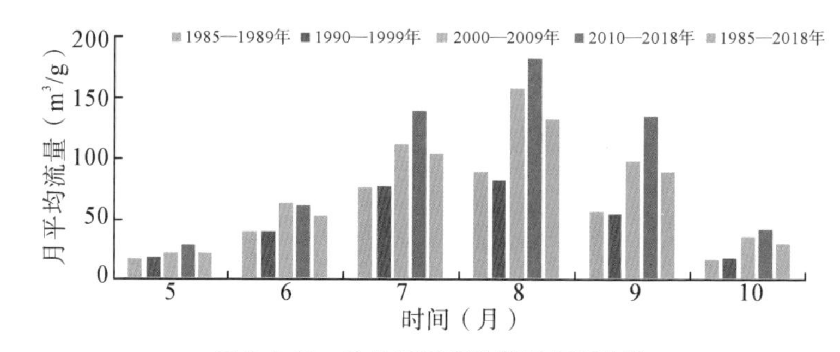

图 3.2-21　沱沱河月平均流量年际变化

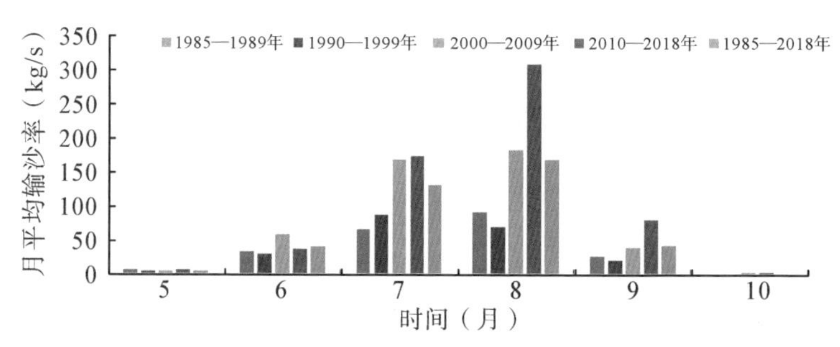

图 3.2-22　沱沱河月平均输沙率年际变化

沱沱河水文站输沙年内分配不平衡，主要集中在 7、8 月。年际间，2000 年以前，除 7 月外，其余月份输沙均有所减少，2000—2009 年，各月输沙有所增加，2010—2018 年 8 月、9 月输沙增加明显。

（2）河段概况及断面变化

沱沱河唐古拉山镇段辫状河型位于沱沱河大桥上游，总长约 6.7km，河床纵比降 1.5‰。河段进口两侧由低山控制，出口处由于 109 国道修建形成人为控制节点，河段整体呈两头窄、中间宽的藕节状。从平面形态来看，河床宽阔，多股水流穿梭在河床中间；从河谷剖面来看，河段汊道一般为 3～4 条，主汊道沿程左右摆动。

沱沱河唐古拉山段示意如图 3.2-23 所示，2015 年、2016 年、2017 年沱沱河水文站大断面年内冲淤调整分别如图 3.2-24、图 3.2-25、图 3.2-26 所示。沱沱河水文站观测断面年内演变结果显示：

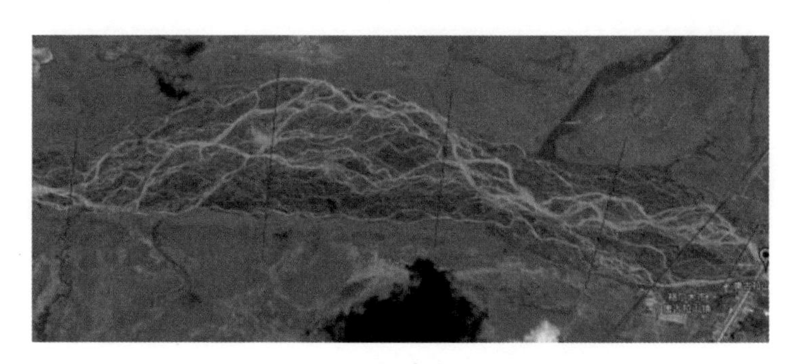

图 3.2-23　沱沱河唐古拉山段示意图

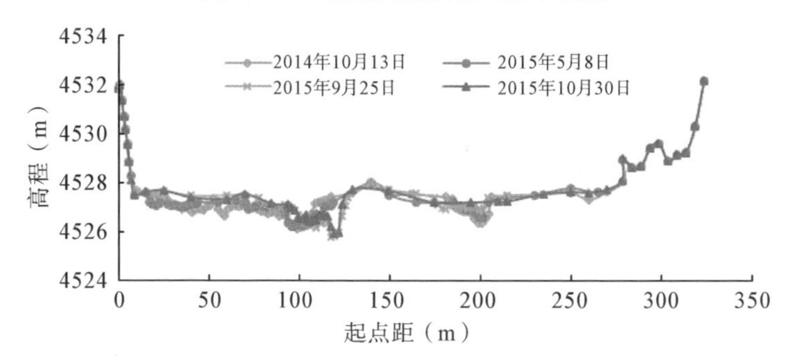

图 3.2-24　2015 年沱沱河水文站大断面年内冲淤调整图

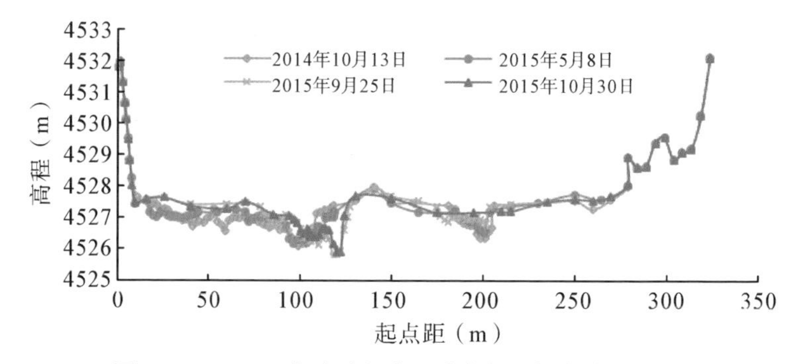

图 3. 2-25　2016 年沱沱河水文站大断面年内冲淤调整图

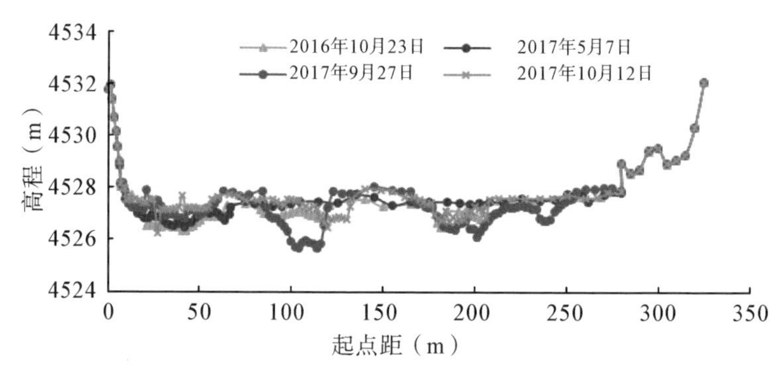

图 3. 2-26　2017 年沱沱河水文站大断面年内冲淤调整图

2015 年为典型小水小沙年，汛前断面整体有所淤积，过水面积减小，汛期 5—9 月，断面整体仍表现为淤积，左侧边滩和右侧汊道高程进一步抬高，仅主汊略有冲刷；汛后 9—10 月，断面整体变化不大。整个水文年份断面以淤积为主，没有产生明显冲刷，过水面积呈持续减小态势。

2016 年为中水中沙年，汛前断面略有淤积，但幅度不大，滩槽格局没有调整；汛期 6 月至 10 月初，河床产生明显冲刷，左侧边滩上冲刷产生一宽近 50m 的汊道，过水汊道增加到 5 个，过水面积明显增加，汛后新冲汊道很快又淤积消失，主汊道左移，过水面积有所减小。

2017 年为大水大沙年，汛前汊道明显淤积，除左槽外，河床其余部分基本淤平连成一片；汛期5—9月，断面明显冲刷，河床底部又冲刷出现多个汊道，左侧汊道、江心洲和边滩则呈现淤积抬高趋势；汛后各汊道则表现为淤积态势。河床冲淤调整表现为汛期河槽大幅冲刷产生新汊道，洲滩普遍淤积；汛后河槽普遍淤积，部分洲滩产生冲刷。

沱沱河唐古拉山段河床平面调整如图3.2-27所示，沱沱河水文站大断面年际冲淤调整如图3.2-28所示。

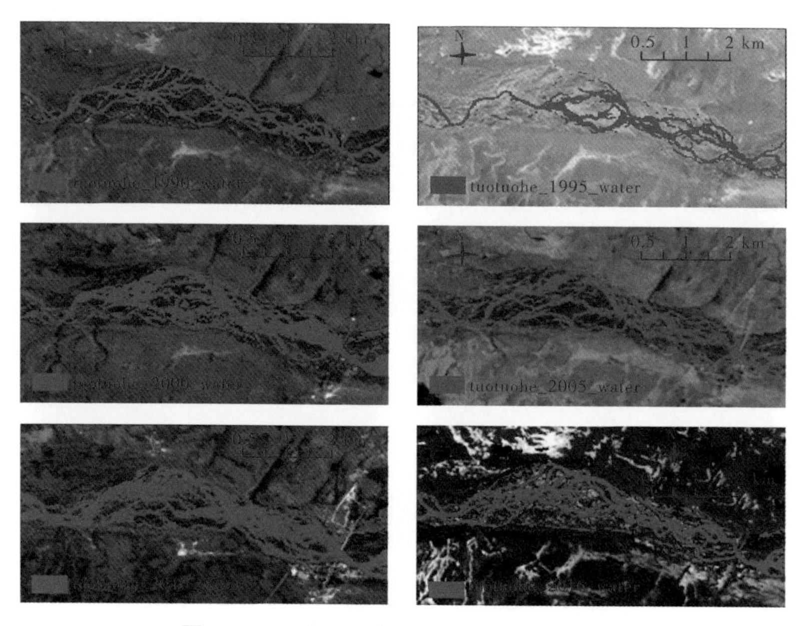

图3.2-27 沱沱河唐古拉山段河床平面调整

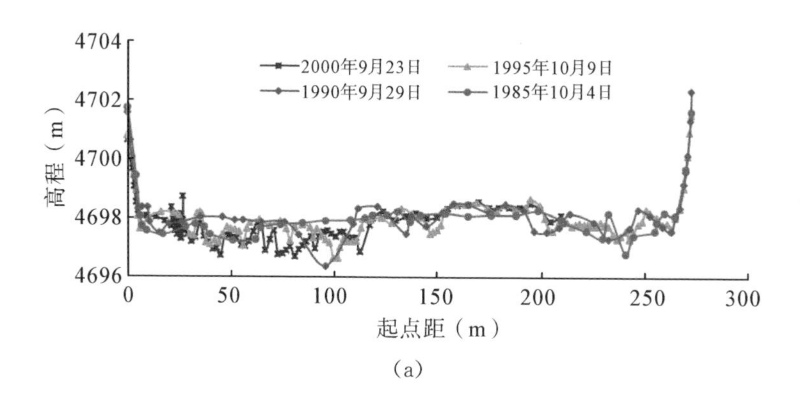

（a）

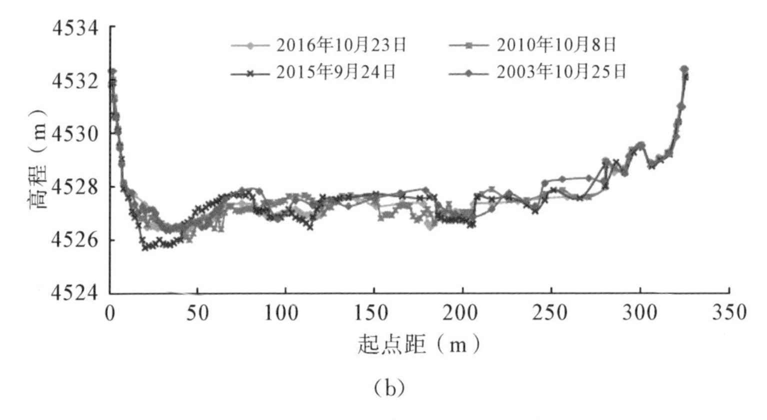

(b)

图 3.2-28　沱沱河水文站大断面年际冲淤调整图

1990—2016 年河段的遥感影像图及横断面变化显示，年际间汊道形态和位置始终处于调整状态之中，河段有冲有淤，水体面积整体呈增加趋势。2010 年以后，沱沱河径流量和输沙量均大于多年平均值，因此，河床也产生较大的冲淤调整，至 2016 年，河床两侧出现过流小汊道，江心过流汊道也进一步增加，河道似有拓宽趋势。

3.2.2.3　涉水桥梁水毁现象及原因分析

游荡河型在长江源区分布非常广泛，其河谷宽浅、水流流路不定，高原地区汛期流量集中、水流湍急，洲滩汊道演变频繁，加之高寒地区地层较松散，季节性冻土的消融更加剧了地表土体的松散程度，导致游荡河型水毁(坍岸)灾害频繁发生。考察发现，江源区涉河工程存在多处水毁现象，最常见的便是桥梁垮塌，109 国道跨越沱沱河、楚玛尔河等河流处可见多座因水毁而废弃的桥梁(图 3.2-29)。修建桥梁工期长、寿命短，不仅阻碍交通，对经济社会也造成不利影响。

图 3.2-29　桥梁水毁现象

桥梁频繁产生水毁现象，究其原因：一方面是由于高原河流汛期流量集中、水流冲击力强，且水流挟带泥沙粒径粗，造床能力强，造成冲淤变化幅度大，河道摆动频繁，而损毁的桥梁基本都是因其填筑了河道，将水流集中在很窄的断面上，对桥墩造成了强烈冲刷；另一方面，高原存在年际和昼夜多尺度的冻融效应，因河水结冰现象导致桥墩遭受更多的冻融循环破坏，桥墩防冲措施设计和施工标准理论上是与低海拔地区有所不同的，但目前对于高原地区河流涉水工程防护问题尚缺乏行之有效的技术和标准。

青藏高原地区特殊的河流地貌及环境条件导致了河流水沙及河床演变的复杂性和独特性，而高原地区交通干线的重要性对涉水工程保护和修复提出更高的要求。因此，一方面在跨河桥梁修建过程中，应充分了解河流洲滩汊道的演变规律，选择在稳定的洲滩上设立桥墩，同时应尽量减少占用河道过水面积；另一方面，应加速研究高原地区涉水工程水毁机制，建立高寒地区涉水工程冲刷计算公式，研发桥墩基础防洪技术，确保涉水桥墩结构稳定，延长其使用寿命，提高经济、社会综合效益。

3.2.3　河床沉积物调查分析及历史断面形态复原

（1）河床沉积物调查分析

河床沉积物是河床演变的信息载体，反映特定年份河床干枯特性，也是研究河流泥沙及其搬运状况的有效记录。样品采集地在通天河曲麻莱新县城附近，河道为单侧有山体约束的宽谷河道，多股分汊河型，主槽由沙卵石河床组成。

样品采集断面如图 3.2-30 所示，各采样点河床沉积物垂向成分分段如图 3.2-31 所示，各采样点河床沉积物粒度特征如表 3.2-7 所示。

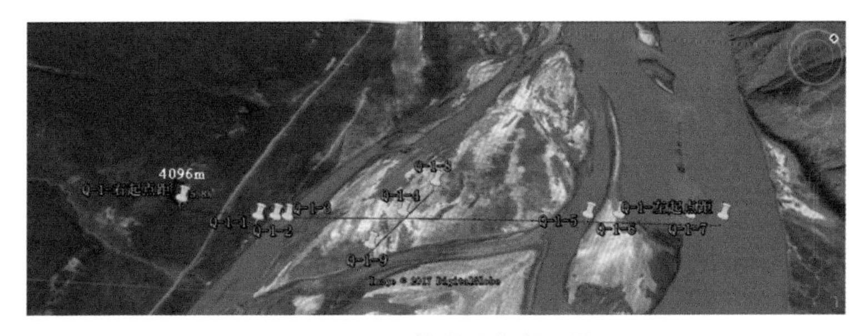

图 3.2-30　样品采集断面图

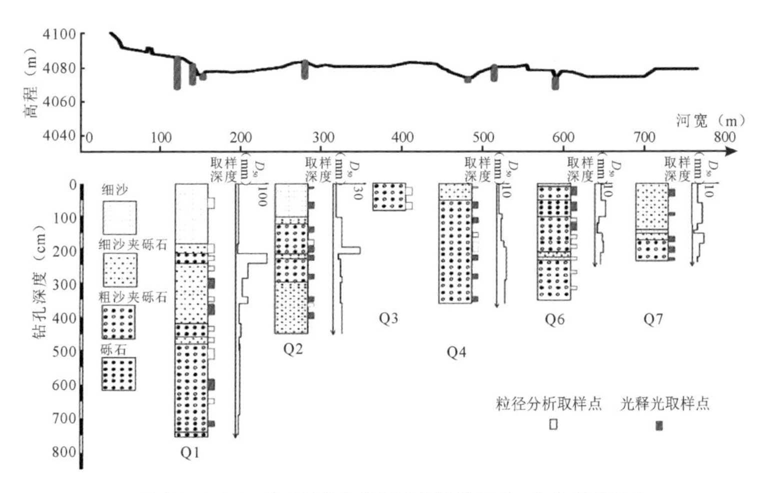

图 3.2-31　各采样点河床沉积物垂向成分分段图

表 3.2-7　各采样点河床沉积物粒度特征表

实验样品		黏粒(%)	粉沙(%)	沙(%)	砾石(%)	中值(μm)	标准离差	偏度	峰度	分选系数
Q1-1	Q1-1-1	0.19	3.02	94.67	2.13	695.12	1.15	0.34	1.08	1.69
	Q1-1-2	0.23	3.59	90.87	5.32	699.02	1.29	0.31	0.96	1.73
	Q1-1-3	0.29	4.72	95.00	0.00	485.22	1.08	0.48	1.22	1.56
	Q1-1-4	0.11	1.71	48.56	49.62	1981.86	1.71	0.23	1.22	2.46
	Q1-1-6	0.13	2.11	61.57	36.19	1569.18	1.84	0.17	0.86	2.53
	Q1-1-7	0.10	1.49	42.50	55.92	2548.31	1.61	0.35	1.08	2.35
	Q1-1-8	0.27	4.00	61.96	33.77	1627.17	2.09	0.29	0.87	2.67
	Q1-1-9	0.10	1.80	81.48	16.62	804.54	1.26	—	—	1.86
Q1-4	Q1-4-1	0.60	8.90	68.01	22.49	429.33	2.38	—	1.74	3.21
	Q1-4-2	0.34	5.06	60.46	34.14	1471.64	2.18	0.31	0.51	3.08
	Q1-4-3	0.23	3.57	58.44	37.76	1520.15	2.00	0.26	0.62	2.73
	Q1-4-4	0.15	2.42	55.01	42.42	1697.65	1.88	0.21	0.74	2.64
	Q1-4-5	0.17	2.60	58.22	39.02	1650.69	1.84	0.24	0.71	2.51

续表

实验样品		黏粒(%)	粉沙(%)	沙(%)	砾石(%)	中值(μm)	标准离差	偏度	峰度	分选系数
Q1-6	Q1-6-1	0.16	2.38	46.01	51.46	2103.45	1.82	0.30	0.68	2.40
	Q1-6-2	0.14	2.13	56.33	41.40	1744.28	1.77	0.18	1.08	2.54
	Q1-6-3	0.10	1.55	45.64	52.72	2215.39	1.66	0.24	0.82	2.41
	Q1-6-4	0.08	1.27	45.24	53.42	2332.57	1.62	0.26	0.71	2.40
	Q1-6-7	0.15	2.28	50.68	46.90	1870.82	1.82	0.22	0.87	2.48
Q1-7	Q1-7-1	0.15	2.36	49.87	47.62	1882.69	1.90	0.22	0.83	2.78
	Q1-7-2	0.15	2.33	50.42	47.10	1876.81	1.84	0.25	0.67	2.47
	Q1-7-3	0.13	2.05	49.28	48.54	1918.97	1.82	0.22	0.77	2.59
	Q1-7-4	0.08	1.33	45.89	52.71	2188.22	1.63	0.21	0.77	2.29

注：黏粒<2μm，粉沙 2～62.5μm，细沙 62.5～2000μm，砾石>2000μm。

长江源河床沉积物以沙砾石为主，同一采样点的沉积物粒度成分、粒径垂向波动，呈现"粗⇌细"交替变化，反映了相应环境下河段水位的变化及多次强弱交替的流水堆积过程。各取样点河床沉积物粒度特征如表 3.2-8 所示。

表 3.2-8　　各取样点河床沉积物粒度特征表

取样点	成分	自然分布频率曲线	偏度	分选	峰度	最大峰值粒径(μm)
Q1-1	沙砾石	3 个波峰	很正偏	较差	中等	1791
Q1-4	沙砾石	2 个波峰	正偏	差	中等	4120
Q1-6	沙砾石	2 个波峰	正偏	较差	宽	4090
Q1-7	沙砾石	2 个波峰	正偏	较差	宽	4124

长江源曲麻莱河段河床沉积物多为双峰，分选差，是河流动力沉积的结果，其阶地沉积物则为多峰，分选差，推测为河流动力与冰川动力的共同作用形成。通天河曲麻莱河段河床沉积物曲线如图 3.2-32 所示。

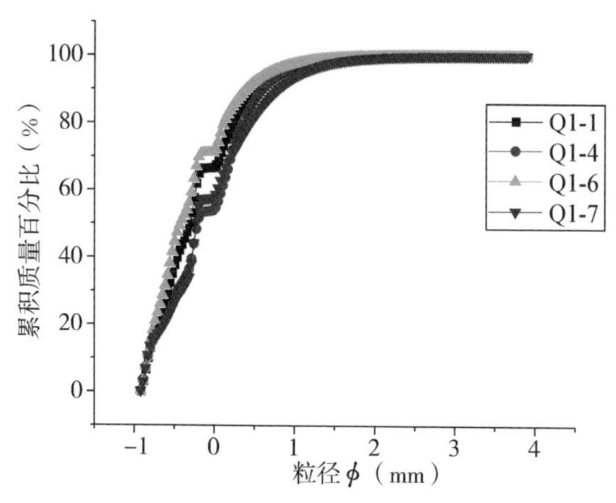

图 3.2-32　通天河曲麻莱河段河床沉积物曲线图

注：$\phi=-\log_2 D$，D 表示粒径。

粒度概率累积曲线分析表明，沉积物由跃移质和悬移质成分组成，无滚动沉积，粒径沿横断面分布表现为河槽沉积物粒径较粗，阶地及远离主槽的支汊粒径较细，沉积物峰值形态差异与采样位置有关，并与河流水动力特性基本一致。

(2)历史断面形态复原

采用光释光测年技术对钻孔所取得的沉积物进行年代测定，具体方法为单片再生剂量法(SAR)与标准生长曲线法(SGC)相结合的测定等效剂量的实验方法(SAR-SGC 法)。

根据测年结果，将通天河曲麻莱段断面每个沉积柱相同年代的高程相连得到了历史时期的概化断面形态如图 3.2-33 所示。根据出现相同年代的多寡，图 3.2-33 中给出了 20ka、40ka 和 60ka 3 个年代的断面，其中，20ka 断面为各测年点直接相连，40ka 和 60ka 则部分为根据沉积率推算得来的断面。

测量年代反映，该河段河道较为古老，20ka 以来的沉积物较少留于河床，说明此处水流常处于不饱和状态；3 个断面对比可见，年代越老的地层越靠下，留于河床一定深度的沉积物最老可达十万年之久，应与冻土固结作用有关；各年代形态对比而言，在假定河岸平滩高程等于右岸阶地同年代高程的情况下，40ka 和 60ka 几乎为单一河道，主流靠左岸，20ka 为中间有江心洲的分汊河型，与现代较为一致，但整体更为宽浅。

由于该处河道距离金沙江峡谷距离较远，河道壅水作用有限，仍表现为大比降次饱和的输沙特性，因此河段在近期的沉积物较少，河床沉积以早期(小水期)沉积物为主。河道沉积速率较慢。

(3)断面复原结果与气候变化的关系分析

气候变化研究呈现明显的多时间尺度特性，越近则间隔越短、越远则间隔越长。就第四纪而言，一般认为：第四纪全球气候曾有数次冷暖变化。气候寒冷时，陆地上的一部分水冻结，发育大规模冰川，叫冰期；气候变暖时，冰川消退，叫间冰期。北半球在第四纪时期一般划分为 4 个冰期和 3 个间冰期，还有 1 个冰后期。有些地区受区域性气候的差异影响，可划分为更多的小冰期和间冰期，但各个地区长时期的寒冷期与温暖期的变化大致是相同的。

人们关注较多的是末次冰期及其以来的气候变化，与生物、地貌、文明等息息相关。末次冰期始于 75ka 而止于 11ka(之后为全新世)，可分为冷干—暖湿—冷干—暖湿—冷干，大致的时间节点为 75ka、60ka、47ka、30ka、20ka、11ka。

从第四纪更新世晚期，距今 1.1 万年前后开始，地球从第四纪冰期中的最近一次亚冰期，进入现代的亚间冰期，人们也称之为冰后期。这一段时间大体上相当于人类进入有文字记载的历史时代。关于这段时期的气候，挪威的冰川学家曾做出近 10ka 来的雪线升降图，说明雪线升降幅度并不小，表明冰后期以来气候有明显的变化。

从图 3.2-33 可以看出，通天河曲麻莱段由于河道以次饱和输沙为主，其 20ka 以来的沉积物极少，历史沉积以 20ka 以前为主，即末次冰期中的暖期期末，而 60ka 和 40ka 沉积物在河床中并不连续存在，已有研究表明 60ka 存在一小阶段暖期，为土壤沉积物的形成提供了契机，因此，可以认为 40ka 亦为通天河区域一个水量较大、温度较高的时期。

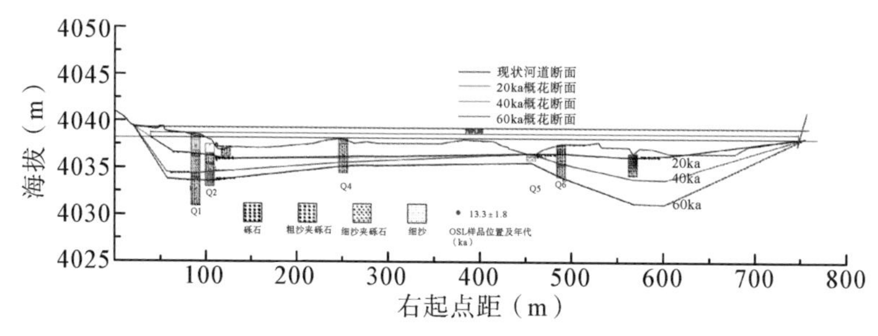

图 3.2-33　通天河曲麻莱段断面复原结果

3.2.4 小结与讨论

1)近年来受气温、降水等气象因素影响,直门达水文站和沱沱河水文站径流泥沙均呈明显增加趋势。近10年来,直门达水文站径流量、输沙量较多年平均值分别偏大26.27%、29.40%;沱沱河水文站径流量、输沙量较多年平均值分别偏大65.01%、53.90%。这与长江中下游近期水沙资源呈减小趋势是截然相反的,而对于青藏高原这一特殊地理环境而言,径流和输沙变化还会对水生生态系统产生系列影响。

2)长江源区河谷地貌可分为3类:高原冲积河型、丘陵宽谷河型和高山峡谷河型。典型游荡型河道均表现为:悬移质含沙量较大,粒径较粗,分选好,而床沙相对较细,中值粒径接近悬沙,同时含沙量与河床宽呈正相关关系。沱沱河唐古拉山段河床调整与水沙条件关系表现为:小水小沙年份,河床以淤积为主;中水中沙年份,河床汛冲枯淤;大水大沙年份,汛期河床冲槽淤滩,枯期淤槽冲滩。近期,由于沱沱河流域径流量和输沙量呈增加趋势,典型河段河床调整进程也有所加剧。游荡型河道稳定性差,加之近期调整加剧,将对沿岸城镇及相关涉河工程产生一定的影响。

3)长江源河床沉积物以沙砾石为主,同一采样点的沉积物粒度成分、粒径垂向波动,形成"粗→细"交替变化,反映了在相应环境下河段水位的变化及多次强弱交替的流水堆积过程。河道以次饱和输沙为主,其20ka以来的沉积物极少,历史沉积以20ka以前为主,即末次冰期中的暖期期末,而60ka和40ka则河床中存在并不连续。

4)应重视长江源区涉河工程的水毁问题,尤其是在游荡型河道修建桥梁、堤防等工程,应充分研究河流洲滩汊道演变规律,尽量减少占用河道过水面积;同时应充分研究高原地区涉水工程水毁机制，研发高寒地区水工程防冲技术，提高工程使用寿命，确保在安全的前提下提高经济效益。

3.3　水环境

本次长江源区综合科学考察在长江源头的沱沱河（正源）、楚玛尔河（北源）、当曲（南源）以及曲麻莱、布曲、尕尔曲、囊极巴陇等地分别采集了水、沉积物和土壤样品，同时采用水质多参数分析仪（美国 YSI 公司，EXO2）监测水体 pH 值、水温（T）、溶解氧（DO）、电导率（EC）、氧化还原电位（ORP）、叶绿素、浊度、盐度等指标。采样点布设位置如图 3.3-1 所示。此次主要分析了水体中常规指标（14 个）、金属和类金属指标（48 个）、沉积物检测指标（23 个）、土壤检测指标（23 个）。

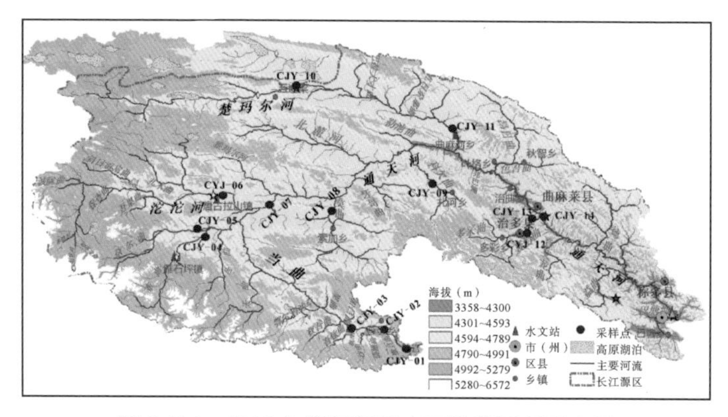

图 3.3-1　2019 年长江源区水环境监测断面布设

3.3.1　水环境质量

3.3.1.1　水环境特征

（1）水体理化性质分析

从表 3.3-1 可以看出，长江源区水体温度较低，低于 15℃；水体

pH值在8.0左右，表明长江源区河水呈弱碱性。楚玛尔河2个采样点河水属于微咸水体（1000～3000mg/L），其他采样点均为淡水（小于1000mg/L），这主要是楚玛尔河河流流程长，流经地段多出露古近纪、新近纪含膏盐红层，流经区多在干旱盆地区，矿化度较高的缘故（曹德云，2013）；楚玛尔河的浊度、盐度、总溶解性固体（TDS）、EC和SS均高于当曲，这可能与长江源区各河流的地形地貌不同及由此产生的水土流失有关。总体上，长江源区的TDS和EC等含量总体上要高于长江中下游（李小倩等，2014）。通过对比发现，长江源区水体硬度高于长江中下游（李小倩等，2014；万咸涛等，2008），当地居民如果长期直接饮用高硬度水，存在患肾结石等疾病的风险。

（2）水体常规指标分析

由表3.3-2分析可知，通天河和长江南源局部（采样点CJY-07）水体中TP超《地表水环境质量标准》（GB 3838—2002）规定的Ⅱ类标准，最大超1.3倍；长江南源局部水体COD_{Mn}超Ⅱ类标准，最大超0.93倍。长江源区水体中TP、COD_{Mn}、SO_4^{2-}和Cl^-含量分布如图3.3-2所示。现场调查发现，长江南源河边沿岸或水中漂浮有牛群排泄物（图3.3-3），这主要是由于当地放牧所致。长江北源、正源和通天河局部水体（采样点）中Cl^-超标准限值，最大超4.94倍（长江北源）；长江北源和通天河水体中SO_4^{2-}超标准限值，最大超0.89倍（长江北源）。由表3.3-2分析可知，总体上长江源区常规水质分析结果与2012—2018年基本一致（长江水利委员会长江科学院，青海省水文水资源勘测局；2018）。

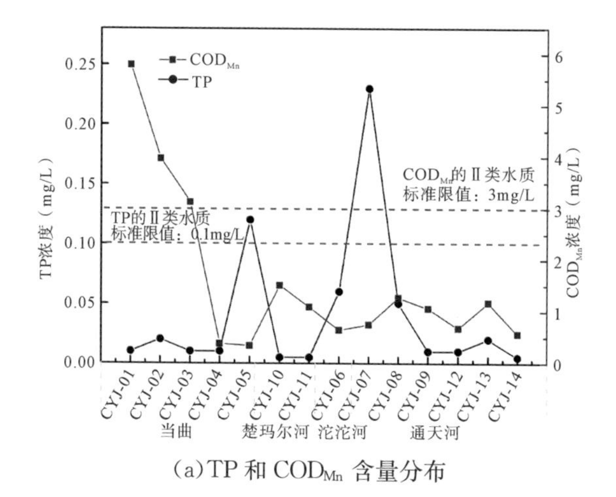

(a)TP 和 COD_{Mn} 含量分布

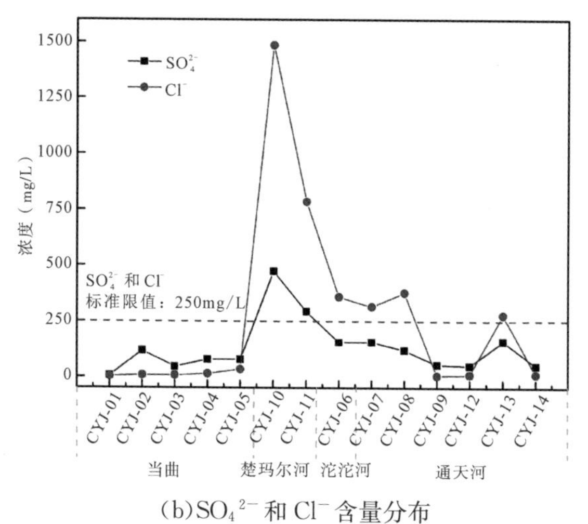

(b)SO_4^{2-} 和 Cl^- 含量分布

图 3.3-2　长江源区水体中 TP、COD_{Mn}、SO_4^{2-} 和 Cl^- 含量分布

(a)牛群

(b)牛群排泄物

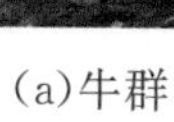

图 3.3-3　当曲现场调查

表 3.3-1 采样点的水体理化性质检测结果

长江源	水系	水温(℃)	pH 值	浊度(NTU)	盐度(ppt)	TDS(mg/L)	EC(μS/cm)	SS(g/L)	总硬度(mg/L)
南源	当曲	9.2 ～14.0	7.9～8.2	1.73～115.9	0.21～0.27	79～706	181.1～465.6	0～3.75	63.2～239
北源	楚玛尔河	10.3～11.1	8.0～8.1	130.2～146.9	1.74～3.09	1712～3012	2395～6038	5～10.0	520～593
正源	沱沱河	11.2	8.0	259.8	0.66	706	1377	11.25	211
通天河		7.6～14.0	7.8～8.1	5.70～263.4	0.18～0.87	50～999	250.3～1795	15.0～18.75	172～495
2012—2018 年		1.1～19.5	7.7～9.3	1.46～4530	0.08～6.39	104～11548	98.1～7314	/	/

表 3.3-2 采样点的常规指标检测结果 (单位:mg/L)

长江源	水系	NH_3-N	F^-	Cl^-	NO_3-N	SO_4^{2-}	TP	COD_{Mn}
南源	当曲	0.025L～0.374	0.10～0.42	2.07～32.73	0.26～1.52	5.07～117.9	0.01～0.12	0.34～5.79
正源	楚玛尔河	0.029～0.088	0.27～0.40	783.3～1485	1.34～2.09	292.6～471.9	0.01L	1.09～1.51
北源	沱沱河	0.076	0.19	357.4	1.61	155.2	0.06	0.64
通天河		0.025L～0.133	0.07～0.55	3.38～313.8	1.40～2.02	48.37～158.8	0.01L～0.23	0.57～1.27
Ⅱ类水质标准限值		0.5	1.0	250*	10*	250*	0.1	3
2012—2018 年长江源		/	0.02～0.93	59.0～673.0	0.21～1.86	2.14～265.1	0.01L—0.39	1.07～3.82

注:“*”表示地表水标准限值,数据后的“L”表示低于检出限。

(3)水体(类)金属

由表3.3-3分析可知,长江源区局部水体中存在的Hg、Ti、Mn和Fe含量超Ⅱ类水质标准限值,此次长江源区所有采样点的水体中Li、Be、Cd、Cr、Tl、Sb均未检出,整体上与2012—2018年结果基本一致。

表3.3-3　　2019年长江源区水体中Hg、Ti、Mn和Fe含量　(单位:μg/L)

长江源区	水系	Hg	Ti	Mn	Fe
南源	当曲	0.01L	0.46L~1.77	0.12L~13.84	22.21~78.23
北源	楚玛尔河	0.01L~0.251	1.08~89.47	0.12L	112.6~6251
正源	沱沱河	0.01L	21.45	0.12L	873.1
通天河		0.01L~1.094	0.46L~185.9	1.19~110.2	36.49~7326
Ⅱ类水质标准限值		0.1	100*	100*	300*
2012—2018年长江源		0.01L~1.02	0.46L~390	0.12L~890	30.3~12710

注:“*”表示地表水标准限值;数据后的“L”表示低于检出限。

由图3.3-4分析可知,长江正源(CYJ-06)水体中As含量偏高;长江北源(CYJ-10)和通天河(CYJ-08和CYJ-13)水体中Hg含量超Ⅲ类水质标准,最大超9.9倍(通天河)。As及其化合物具有“三致”(致畸、致癌、致突变)作用,摄入过量的As可引起皮肤癌、肺癌、膀胱癌、胃癌、肝癌和肾癌等。Hg是一种毒性极强的元素,摄入过量的Hg可引起水俣病、急性肠胃炎和脑衰弱综合征等。因此对于长江源区局部水域存在As、Hg含量偏高,需要引起足够重视。As含量偏高主要是由于长江源区As背景值较高的缘故(成杭新等,2008)。相关研究表明,长江源区表层雪中Hg的浓度明显高于青藏高原其他地区(Paudyal et al.,2017),冰雪融化后也会携带部分Hg汇入附近的河流(Loewen et al.,2007)。由此可知,Hg经大气运输后,可随雨雪沉降作用进入长江源区,即大气沉降也是长江源区Hg的重要来源。长江源区土壤和矿石中Hg含量较高

(田淇,2019),根据沉积物的分析结果可知,长江源区沉积物的 Hg 含量高于长江及中国水系沉积物平均背景值,由此可知当地 Hg 背景值较高。因此,推测长江源区水体 Hg 含量偏高,可能与大气中 Hg 沉降及当地 Hg 背景值较高有关。

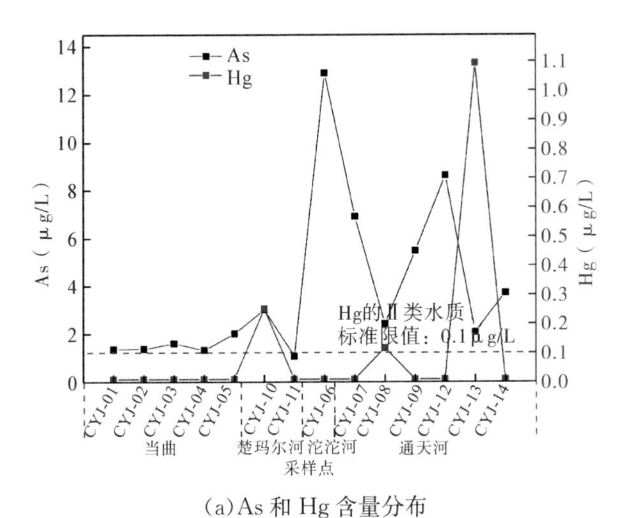

(a)As 和 Hg 含量分布

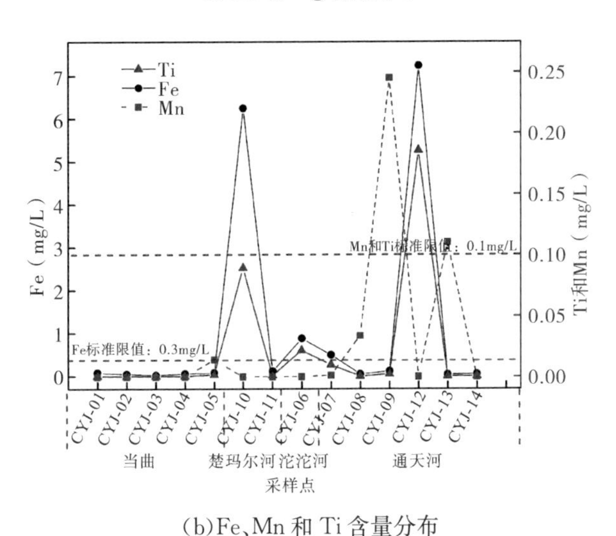

(b)Fe、Mn 和 Ti 含量分布

图 3.3-4 长江源水体中 As、Hg、Fe、Mn 和 Ti 含量分布

由图 3.3-4 分析可知,长江正源、北源及通天河局部河段 Fe 超标准限值，最大超23.4倍(通天河)；通天河局部河段Mn超标准限值，最大超0.1倍；通天河局部河段Ti超标准限值，最大超0.85倍。通过长江源区河流对比分析可知，长江南源水体中(类)金属元素含量总体上低于长江北源、正源和通天河。长江北源和通天河水体中Fe含量明显高于长江南源和正源，同时现场调查也发现长江北源水体呈红褐色，通天河水体呈黄色(图3.3-5)，可能与水体中Fe含量较高有关。如果人体过量地摄入Fe和Mn，将阻止骨骼生长、损害神经系统、扰乱内分泌系统等，需引起关注。

(a)楚玛尔河

(b)通天河

图3.3-5 楚玛尔河和通天河河水

由水体(类)金属形态分析结果可知，Li、K、Mg、As、Sr、Mo和Ba以溶解态为主，Na、Ca、Fe、Mn、Tl、Hg、Zn、Cu、Cr、V、Co、Ni和Se以颗粒态为主。

3.3.1.2 沉积物中金属元素含量分布特征

由表3.3-4可知，与长江及中国水系沉积物平均背景值相比(迟清华等，2007)，长江南源沉积物中Ti、V、Cu、Zn、Cd和Hg均低于长江沉积物平均背景值，部分沉积物中Be、Mn、Co、Ni、Sb、Tl、Pb含量高于长江沉积物平均背景值，但所有沉积物Pb均高于长江沉积物平均背景值；长江北源沉积物除Hg外，其他金属元素含量均低于长江及中国水系沉积物平均背景值；长江正源沉积物除

Pb外,其他金属元素含量均低于长江平均背景值,但沉积物中的Cd和Pb含量明显高于中国水系沉积物平均背景值;通天河沉积物除Zn外,其他(类)金属含量均低于长江平均背景值。从空间上看,长江南源沉积物中金属元素V、Co、Ni、Cu、Zn、Cd、Sb、Tl和Pb含量均略高于长江北源。长江源区沉积物中Cd、Pb含量偏高,这主要是由于长江源区Cd、Pb背景值偏高的缘故(成杭新等,2008)。但总体上,沉积物中金属元素含量与2012年相差不大。

3.3.2 土壤中金属元素含量分布特征

土壤中金属元素含量参照《土壤环境质量 农用地土壤污染风险管控标准(试行)》(GB 15618—2018)进行评价,同时该标准中未规定的金属元素则参考青海省当地土壤背景值(算数平均值)进行对比分析,结果如表3.3-5所示。

所有土壤样品pH值范围为7.7～8.6,所有土壤样品中Cr、Ni、Cu、Zn、Pb、Cd和Hg的含量均低于《土壤环境质量 农用地土壤污染风险管控标准(试行)》(GB 15618—2018)风险筛选值。

与青海省土壤背景值相比,长江南源土壤中Mn和Pb含量均高于青海省土壤背景值;长江正源土壤中除Mn、Cd、Tl和Pb含量远远高于青海省土壤背景值外,其他元素均低于青海省土壤背景值,正源土壤中高含量的Cd和Pb与沉积物中的结果相一致,主要是当地背景值较高的缘故(成杭新等,2008),土壤中高含量的Pb和Cd将会影响植物的生长、发育,从而影响植物的产量和质量,需要引起当地重视。长江北源土壤中(类)金属基本低于青海省土壤背景值;通天河沉积物中Be、Co和Sb含量均低于青海省土壤背景值。从空间对比分析发现,长江南源和长江正源土壤中的Mn、Tl、Zn和Pb含量明显高于长江北源和通天河。

表 3.3-4　　2019年长江源区沉积物金属指标含量

指标	当曲	楚玛尔河	沱沱河	通天河	长江沉积物背景值	中国沉积物背景值	2012年长江源
Be	1.29～7.32	0.55～0.66	1.12	0.54～1.21	1.9	2.2	/
Ti	2.43～3.83	2.26～2.36	2.27	2.00～3.66	5.50	4.07	1.28～1.91
V	45.46～71.41	27.33～35.68	41.02	30.18～78.04	97	80	/
Cr	27.6～135.8	20.91～32.51	35.53	17.71～41.08	82	61	30～45
Mn	222.3～962.6	266.2～397.8	457.9	303.2～523.5	810	680	329～626
Co	5.93～15.5	3.19～4.16	5.61	3.30～8.18	12	17	/
Ni	14.91～95.25	9.91～12.77	19.21	10.84～19.8	33	26	15～22
Cu	12.24～29.75	9.64～12.41	13.04	8.22～22.16	35	23	7～14
Zn	25.08～48.70	1.0L	28.04	1.0L～104.7	78	71	39～72
Cd	0.11～0.24	0.09L	0.24	0.09L～0.19	0.25	0.18	0.27～0.46
Sb	0.08L～1.77	0.08L	0.57	0.08L～0.69	0.83	0.96	0.70～1.33
Tl	0.41～0.89	0.10～0.14	0.45	0.13～0.35	0.49	/	/
Pb	34.63～49.03	7.26～8.04	34.06	9.87～23.06	27	27	6～24
Hg	0.002L～0.09	0.11～0.13	0.002L	0.002L	0.08	0.046	0.046～0.075

注：表中除Ti的单位为g/kg外，其他指标单位均为mg/kg；数据后的“L”表示低于检出限。

表 3.3-5 **2019 年长江源区土壤金属指标含量**

指标	当曲	楚玛尔河	沱沱河	通天河	GB 15618—2018 风险筛选值	青海省土壤背景值
Be	1.60～4.64	0.84～1.54	1.35	1.07～1.12	/	2.06
Ti	2.98～4.80	2.23～3.89	2.71	3.01～3.80	/	3.20
V	56.75～74.67	35.70～66.38	51.62	58.52～80.52	/	71.80
Cr	29.01～134.1	36.13～49.85	41.19	26.74～47.69	250.0	63.00
Mn	596.8～733.3	2.04～394.5	620.5	449.9～551.9	/	580.0
Co	7.48～14.32	4.24～15.05	7.23	8.00～8.62	/	10.10
Ni	20.08～96.49	13.36～30.78	22.42	20.84～23.46	190.0	29.60
Cu	16.81～30.0	11.27～17.99	19.36	16.33～19.84	100.0	22.20
Zn	13.85～79.02	1.0L～3.18	35.42	1.0L～7.00	300.0	80.30
Cd	0.09～0.34	0.09L～0.14	0.31	0.09L～0.13	0.60	0.14
Sb	0.08L～2.55	0.08L	1.18	0.08L	/	1.47
Tl	0.40～0.80	0.13～0.30	0.83	0.21～0.29	/	0.59
Pb	27.35～44.46	7.60～15.01	50.60	10.41～18.28	170.0	20.90
Hg	0.002L	0.002L	0.002L	0.002L	3.40	0.02

注：表中除 Ti 的单位为 g/kg 外，其他指标单位均为 mg/kg；数据后的“L”表示低于检出限。

3.3.3 水化学特征分析

水中主要离子的组成被广泛用于识别控制水的化学组成基本过程，如岩石风化、蒸发浓缩和大气降水。水中离子主要来源于大气降水、岩石风化及人类活动，水的化学成分是水与周围环境长期相互作用的结果。为了进一步地掌握江源的水环境特征，对江源地区河流中水化学特征进行分析，尝试揭示河流水化学类型、主要控制因子。

(1)水化学类型分析

分析可知，长江源区主要阳离子的平均含量依次为：Ca^{2+} > Na^{+} > Mg^{2+} > K^{+}，长江南源(CYJ-01～CYJ-05)水体中Ca含量占总阳离子比例大于65%(图3.3-6中的蓝色图)；长江北源(CYJ-10～CYJ-11)水体中Ca和Na含量占总阳离子比例均大于25%；长江正源(CYJ-05)和通天河水体中Ca含量占总阳离子比例大于40%(图3.3-6中的黑色和粉红色图)。主要阴离子的平均含量依次为：Cl^{-} > SO_4^{2-} > HCO_3^{-}，其中长江南源HCO_3^{-}和SO_4^{2-}占总阴离子比例均大于25%(图3.3-6中的蓝色图)，长江北源和正源Cl^{-}占总阴离子比例大于70%(图3.3-6中的黑色和绿色图)，因此初步判断长江源区化学类型主要为HCO_3·SO_4－Ca·Mg和Cl－Ca·Na，这与曹德云研究结果相一致(曹德云，2013)。

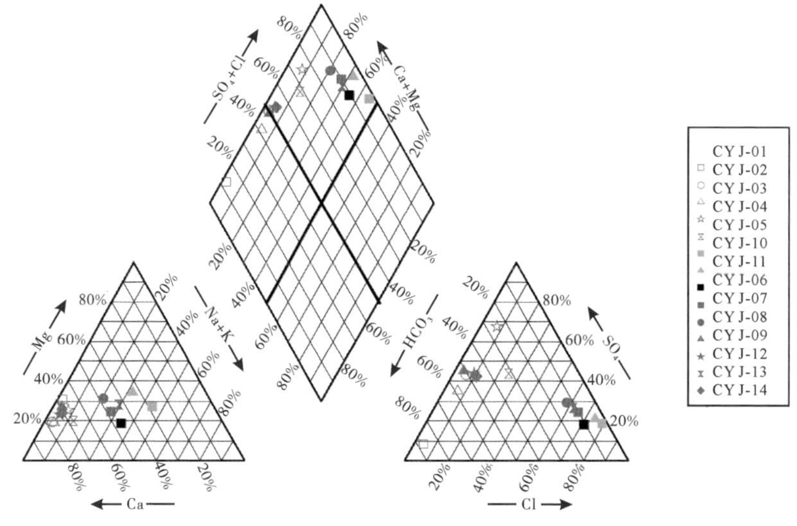

图 3.3-6　长江源区 Piper 图

(2)水化学的主要控制因子分析

Gibbs(Gibbs,1970)根据世界 100 多条河流的统计结果,将控制天然河水主要离子来源的因素分为 3 个类型:大气降水、岩石风化以及蒸发结晶,该理论是定性判断区域大气降水、岩石风化和蒸发结晶过程对河流水化学影响的重要手段。一般利用 TDS 与 $Na^{+}/(Na^{+}+Ca^{2+})$、$Cl^{-}/(Cl^{-}+HCO_{3}^{-})$的关系图可以判断河水主离子的主要控制类型。

由图 3.3-7 可知,长江源区阴阳离子基本都在 Gibbs 控制区,长江源区主要化学控制类型为岩石风化和蒸发—结晶,其中长江北源主要受蒸发结晶类型控制,长江南源和正源主要受岩石风化类型控制,这与 2015 年分析结果相一致(Jiang L et al.,2015),而通天河则受蒸发结晶和岩石风化共同控制。

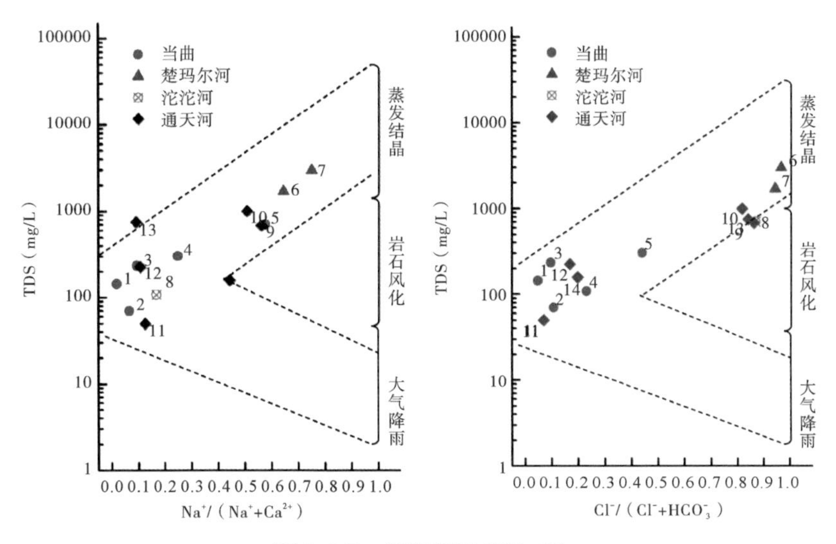

图 3.3-7　长江源区 Gibbs 图

3.3.4　小结与讨论

长江源区水质总体上为Ⅰ～Ⅱ类，局部水域 TP、COD_{Mn}、Cl^-、SO_4^{2-}、Hg、Fe、Mn 和 Ti 含量超Ⅱ类标准。土壤中重金属含量均低于《土壤环境质量 农用地土壤污染风险管控标准（试行）》（GB 15618—2018）风险筛选值。沉积物总体上金属含量低于长江水系沉积物背景值。长江源区河流水化学类型主要为 HCO_3 · SO_4－Ca · Mg 和 Cl－Na · Ca，主要化学控制类型为岩石风化和蒸发结晶。

由水质分析可知，长江源局部河段水质问题主要有：受人为活动影响（主要是放牧活动），长江源局部水体营养盐含量偏高，实地考察发现，长江南源河流局部水底有青苔（图 3.3-8）；受地质背景影响，长江正源局部水体主要存在 Fe 含量偏高，长江北源局部水体中 Hg、Fe 和 Na 含量偏高，通天河局部主要存在 Hg、Fe、Mn 和 Ti 含量偏高。由土壤分析结果可知，长江源区局部地区土壤中 Cd、Pb 相对较高，高于青海省土壤背景值。

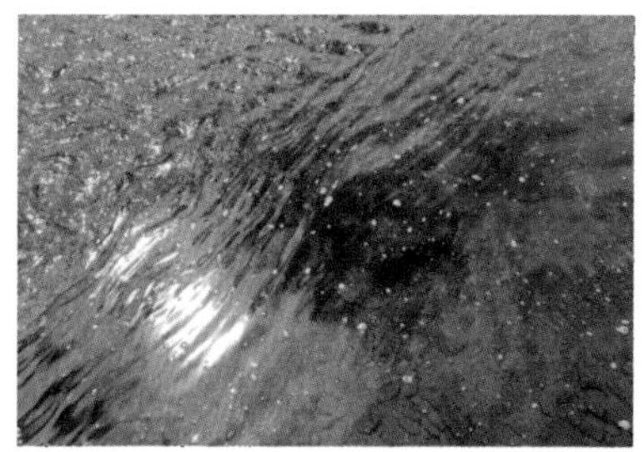

图 3.3-8　长江南源局部河段放牧活动及水底青苔

3.4　水生态

2019 年 4—6 月、2019 年 8 月、2019 年 11 月，在长江南源当曲上游设置 5 个样点，开展鱼类生态学监测，采集小头裸裂尻鱼亲本、亚成体以及仔鱼样本。样点自上游至下游分别为多朝能和且曲汇口、巴麻村、当曲大桥、当曲河大桥和查吾拉大桥，涉及江段 150km。在上游巴麻村断面，采用水下全自动水温水位记录仪监测水温和水位过程。2019 年 8 月，对长江正源和北源的鱼类以及长江三源的浮游植物和底栖动物按照布设的监测点开展了补充采样工作。结合前期的研究数据，对长江三源的浮游植物和底栖动物的种类、现存生物量进行了对比分析。针对鱼类，按照相对重要性指数确定长江源鱼类的优势种，按照不同的生长期，建立体长/体重方程。在当曲上游定位源头河流内的鱼类越冬场，揭示越冬场水温的形成机制，分析越冬场江段 4—10 月的水温、水位等水文过程。

3.4.1　浮游植物

以 25# 浮游生物网采集浮游植物，如图 3.4-1 所示。保存固定后，实验室内鉴定，拍照获得浮游植物图谱，如附图 4。从种类组成、密度以及生物多样性等方面展开各源区浮游植物的特征分析。

图 3.4-1　浮游植物采集

3.4.1.1　长江正源

(1)种类组成方面

在长江正源沱沱河唐古拉山镇采样点监测到浮游植物 4 门 35 种,其中硅藻门 26 种,绿藻门 6 种,蓝藻门 3 种(图 3.4-2),各样点种类数均值为 10.8 种。

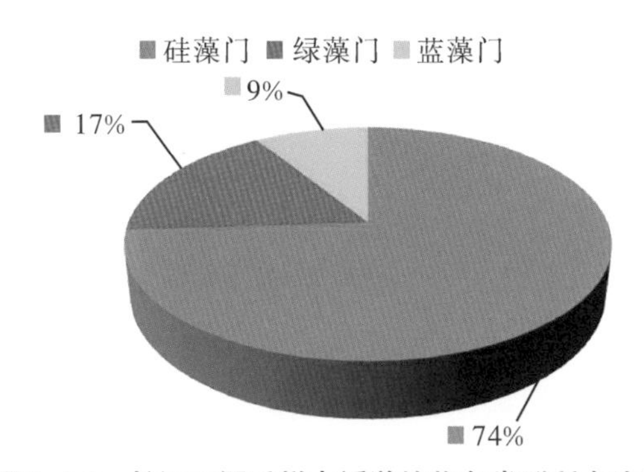

图 3.4-2　长江正源采样点浮游植物各类群所占比例

(2)密度方面

唐古拉山镇采样点浮游植物密度均值为 57.06 万 ind/L,长江正源(含通天河)3 个采样点浮游植物的平均密度为 36.84 万 ind/L。

(3)多样性方面

香农—威纳生物多样性指数分析表明,唐古拉山镇采样点生物多样性指数均值为 2.50。

3.4.1.2 长江南源

(1)种类组成方面

在长江南源当曲共监测到浮游植物 4 门 38 种,其中硅藻门 23 种,绿藻门 7 种,蓝藻门 6 种,隐藻门 2 种(图 3.4-3),样点种类数均值为 17.8 种。

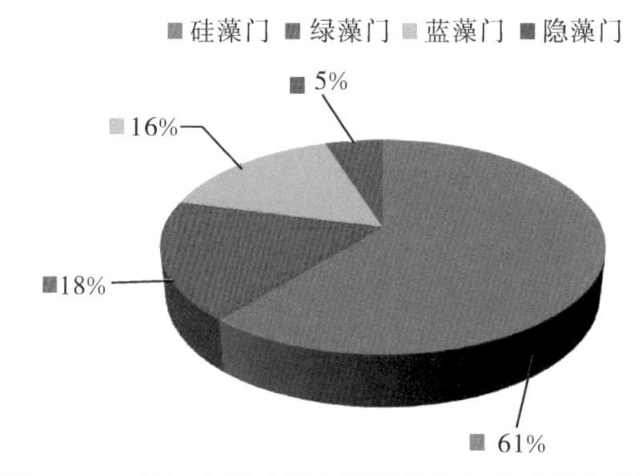

图 3.4-3 长江南源采样点浮游植物各类群所占比例

(2)密度方面

长江南源当曲的浮游植物密度均值为 28.90 万 ind/L。

(3)多样性方面

香农—威纳生物多样性指数分析表明,长江南源当曲浮游植物多样性指数均值为 3.04。

3.4.1.3 长江北源

在长江北源共监测到浮游植物 18 种,隶属于 3 门,硅藻门 16 种,绿藻门 1 种,蓝藻门 1 种(图 3.4-4)。楚玛尔河五道梁采样点浮游植物密度为 37.70 万 ind/L,香农—威纳生物多样性指数为 1.84。

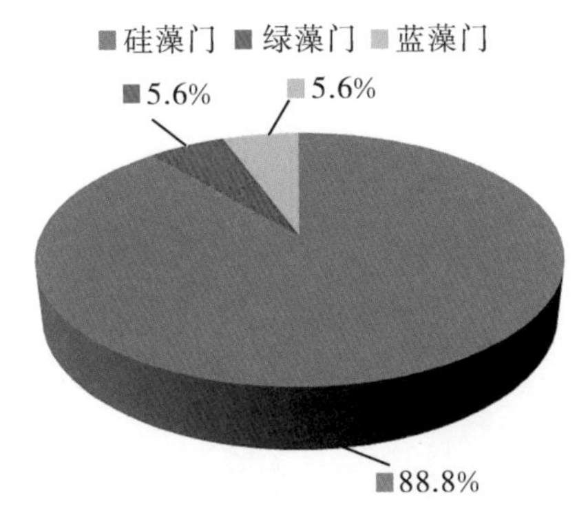

图 3.4-4　长江北源采样点浮游植物各类群所占比例

整个长江源，包括正源、南源、北源，共监测到浮游植物 4 门 49 种，其中硅藻门 29 种，绿藻门 11 种，蓝藻门 7 种，隐藻门 2 种。

3.4.1.4　河流浮游植物特征对比

对比长江三大源区的浮游植物特征，分别对河流浮游植物的种类组成、现存量和物种多样性进行了横向比较。

（1）各源区浮游植物特征分析

在种类组成上，长江南源采样点浮游植物平均物种数量最多，为 18 种，长江北源最少，为 9 种（图 3.4-5）。

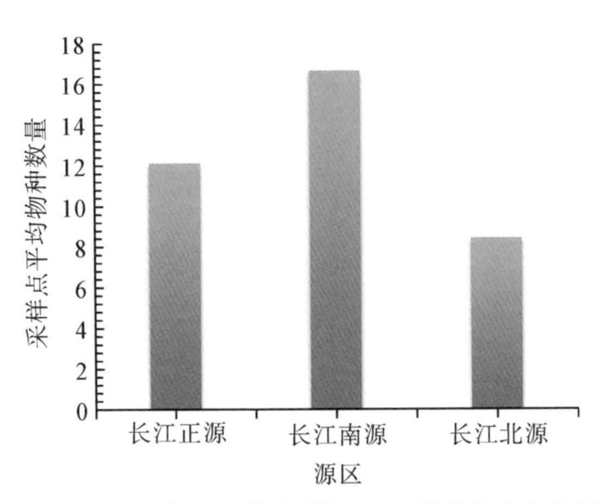

图 3.4-5　各源区采样点浮游植物平均物种数量比较

在现存量方面，将各源区采样点浮游植物平均密度进行比较，北源的浮游植物平均密度最大，为 37.70 万 ind/L，南源平均密度最小，为 28.90 万 ind/L（图 3.4-6）。

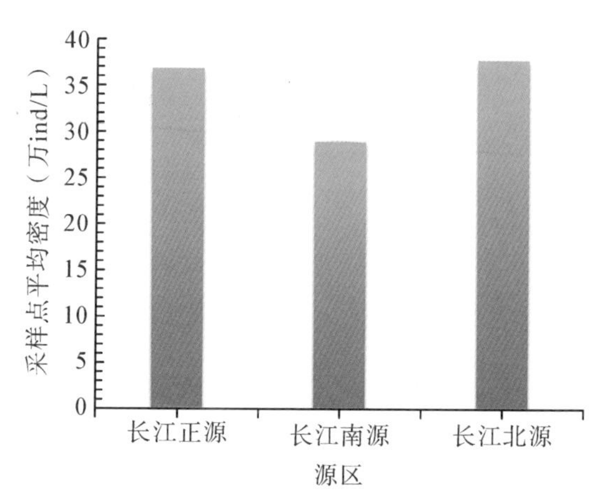

图 3.4-6　各源区采样点浮游植物平均密度比较

在多样性方面，长江南源的浮游植物平均生物多样性指数最高，达到 3.04，长江北源的浮游植物平均生物多样性指数最低，为 1.84（图 3.4-7）。

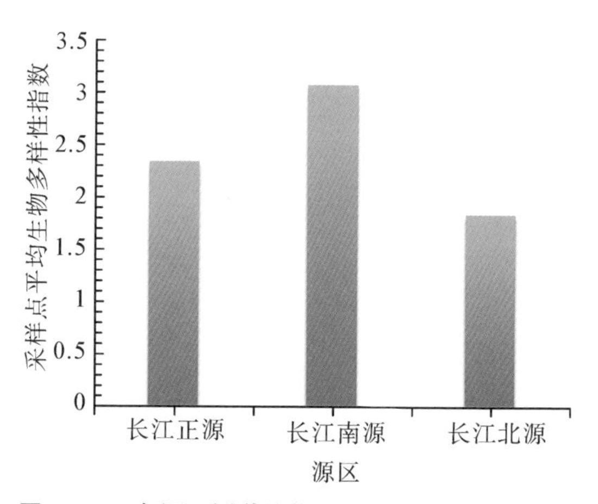

图 3.4-7　各源区浮游植物平均生物多样性指数比较

从整体上看，长江三大源区各采样点浮游植物种类数为 12.64

±4.70种，密度为(30.46±11.80)万ind/L，生物多样性指数均值为2.41±0.61。江源等(2013)通过对来自不同河流的浮游藻类调查数据的对比分析，发现从平均密度来看，除了北方的海河干流、汾河部分河段出现较高的数量外，大部分河流的平均密度均处于相对较低的水平，通常小于100万ind/L，长江源的藻类平均密度符合此规律。

洪松等(2002)通过对黑龙江、松花江、海河、黄河、长江、汉江、赣江、湘江和珠江等地已有研究结果的对比分析，发现几乎在所有河流中，硅藻的密度都是最高的，常常占浮游植物总密度的50%或更多。从优势藻类来看，在长江源区，硅藻门占有一定的优势，其次是绿藻和蓝藻，体现了天然河流的群落组成结构。

(2)各源区浮游植物特征差异原因分析

对各采样点的13项环境因子(海拔、水温、泥沙含量、床沙中值粒径、电导率、总溶解性固体、溶解氧、pH值、浊度、TN、TP、COD、总硬度等)进行主成分分析(Principal Component Analysis，PCA)，将筛选出的环境因子与浮游植物特征进行典范对应分析(Canonical Correspondence Analysis，CCA)，找出影响浮游植物分布特征的关键环境因子。

长江三大源区13个环境因子的主成分分析PCA分析表明，PCA两轴分别解释了数据承载量的71.23%和28.77%。第一主要成分主要解释的环境因子为TN、电导率，主要代表了河流营养物特征；第一主要成分主要解释的环境因子为海拔、床沙中值粒径、水温、含沙量和COD，主要代表河流生境状况。

环境驱动因子与浮游植物特征进行CCA分析发现，在门类上，蓝藻门种类数对TN有一定的正响应关系；隐藻门种类数对海拔和床沙中值粒径有强烈的正响应关系，对水温和含沙量有明显的负响应关系；绿藻门种类数对海拔、COD和床沙中值粒径有明显的正响应关系。

水中营养盐浓度会对浮游植物的生长起到重要的调控作用。大量实验表明，N 和 Si 会对浮游植物的生长构成限制。在长江三大源区中，硅藻种类丰富度未表现出明显的差异性。长江源河流相对低的水温解释了浮游植物中硅藻门占优势的原因，采样期间长江三源区水温无显著高低，硅藻门种类组成也无明显差异。水温通过影响藻类的酶促反应和水体中营养物质的溶解度，从而直接、间接地影响藻类的代谢与增殖（易仲强等，2019）。不同藻种对温度的适应范围各有差异，蓝藻的最适生长温度为 25～35℃，绿藻为 20～30℃，硅藻为 15～35℃，均可较好地生长（王利利，2006）。陈燕琴等（2017）在对长江源沱沱河调查过程中，发现浮游植物群落结构特征以硅藻门为优势种群，主要是由于其多为狭冷性物种，适合生活在较冷的环境中（Morais et al.，2003；武发思等，2009）。浮游植物的种类受环境条件影响明显，不同年份、不同季节、同一条河的不同河段都存在一定的差异（Wang et al.，2010），而且大型河流中藻类的种类组成与湖泊相比稳定性较差（江源等，2013）。

水体中泥沙不仅可以通过表面作用对 N、P 等营养物质进行吸附和解吸，从而影响水体中营养盐的分布与转化（阮嘉玲，2014；Azhikodan et al.，2016），还可以决定水体的浊度和透明度，从而改变浮游植物的生存环境（胡俊等，2016；殷大聪等，2017）。胡俊等（2016）对黄河内蒙古河段进行研究，发现较高的泥沙含量区浮游植物群落的种类和数量明显降低，这和我们发现浮游植物的种类和多样性对泥沙的负响应现象一致。相比平原区河湖库水体而言，江源区的浮游植物的种类和密度都显著较低，其主要原因是江源地区水体温度低、营养盐含量低、泥沙含量大、透明度低等，不利于藻类的增殖。

3.4.2　底栖动物

以60目手抄网采集底栖动物，如图3.4-8所示。保存固定后，实验室内鉴定，解剖镜拍照获得底栖动物图谱，见附图5。从种类组成、密度、生物量以及生物多样性等方面展开各源区底栖动物的特征分析。

图3.4-8　底栖动物采集

3.4.2.1　长江正源(含通天河)

(1)种类组成方面

在长江正源沱沱河共监测到底栖动物7科16属种，其中，水生昆虫幼虫15种，其他动物1种(图3.4-9)，各样点种类数均值为3种。

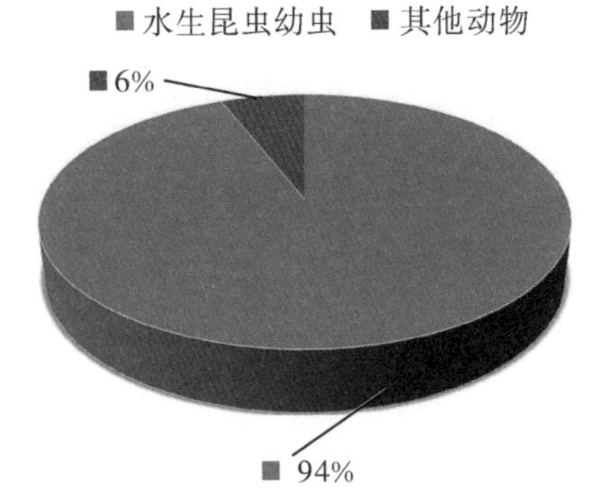

图3.4-9　长江正源考察点底栖动物各类群所占比例

(2)现存量方面

长江正源沱沱河底栖动物的密度均值为 84 ind/m²,生物量均值为 0.039 g/m²。

(3)多样性方面

香农—威纳生物多样性指数分析表明,长江正源沱沱河唐古拉山镇采样点生物多样性指数为 0.76,干流中曲麻莱多样性最大为 1.74。

3.4.2.2 长江南源

(1)种类组成方面

在长江南源当曲共监测到底栖动物 11 科 14 属种,其中寡毛类 1 属种,水生昆虫幼虫 13 属种(图 3.4-10),样点种类数均值为 3.6 种。

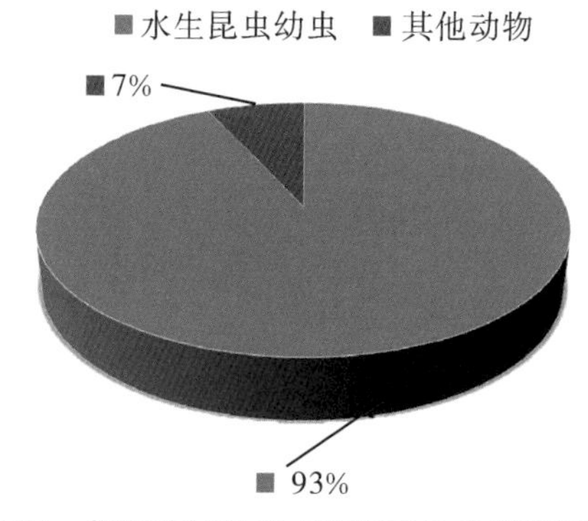

图 3.4-10 长江南源考察点底栖动物各类群所占比例

(2)现存量方面

当曲干流及其支流底栖动物密度均值为 19 ind/m²,生物量均值为 0.310 g/m²。

(3)多样性方面

香农—威纳生物多样性指数分析表明,长江南源底栖动物物种多样性指数均值为0.97。其中,以多朝能且曲交汇口(当曲)的多样性指数最大,为1.04。

(4)优势种方面

长江南源干支流底栖动物按照密度数据统计,超过20%为优势种,长江南源底栖动物以摇蚊幼虫为最优势种,占比达72.54%,其他无密度超过20%的种类。

3.4.2.3 长江北源

在长江北源共监测到底栖动物4种,隶属于3科4属,水生昆虫幼虫3属种,其他动物1属种(图3.4-11)。五道梁样点的底栖动物密度为44ind/m²,生物量为0.025 g/m²,香农—威纳生物多样性指数为1.39。

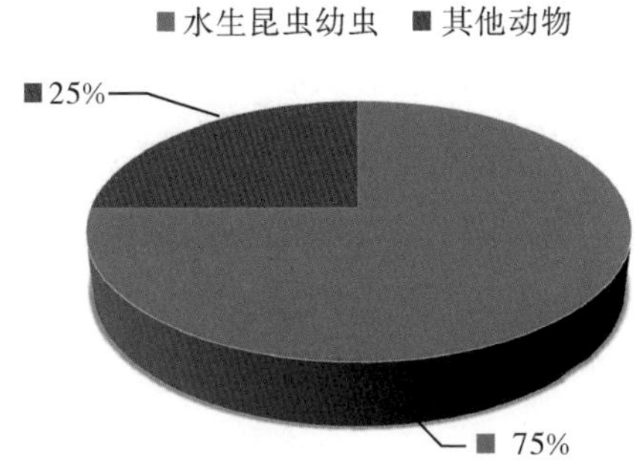

图3.4-11 长江北源考察点五道梁样点的底栖动物各类群所占比例

从整体上看,在长江三源中(含正源、南源、北源三大源区)共发现底栖动物31种,其中水生昆虫幼虫30种,钩虾1种。长江源区底栖动物种类数均值为3.36±1.45种,密度均值为151.07±224.55 ind/m²,生物量均值为0.16±0.33 g/m²,生物多样性指数均值为0.91±0.62。

3.4.2.4 长江源区底栖动物特征对比

(1)各源区底栖动物特征分析

在种类组成方面,对比长江正源、南源、北源各采样点的平均种类数，发现北源平均种类数最多，为 4.00；长江正源最少，为 3.00（图 3.4-12）。从整体上看，源区底栖动物平均种类数是偏少的。

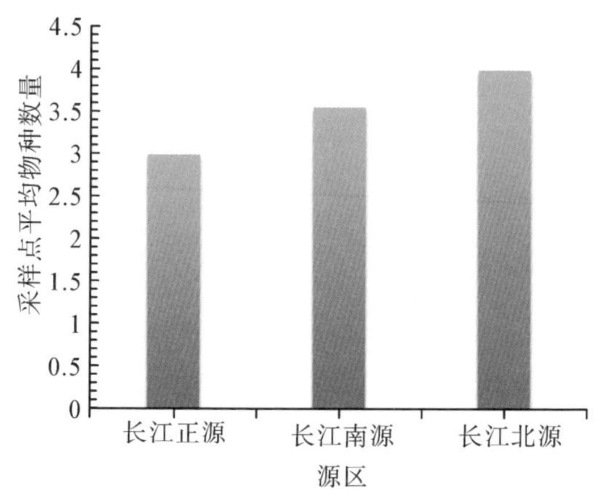

图 3.4-12　各源区底栖动物平均物种数量比较

在密度方面，将各源区底栖动物平均密度进行比较，长江南源底栖动物平均密度最大，为 224 ind/m^2，长江北源平均密度 44ind/m^2 为最小(图 3.4-13)。

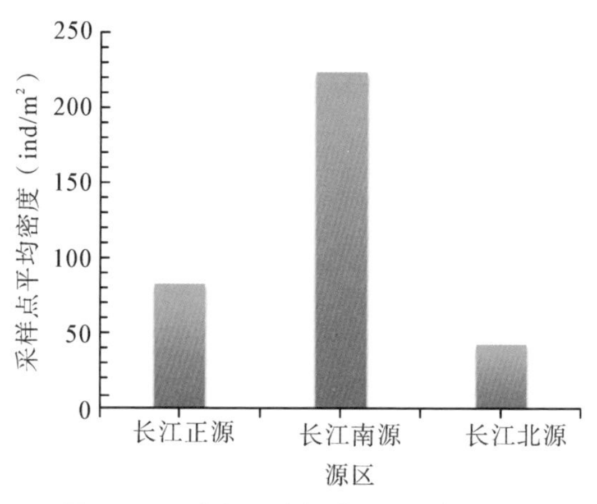

图 3.4-13　各源区底栖动物平均密度比较

在生物量方面，长江南源平均生物量最大，为 0.307 g/m^2，北源楚玛尔河生物量最低为 0.025 g/m^2(图 3.4-14)，这与长江南源底栖动物物种个体较大，北源楚玛尔河物种个体较小且采样次数较少有关。

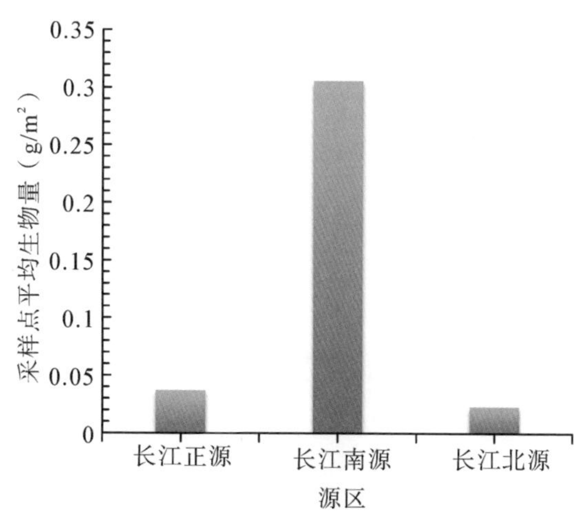

图 3.4-14　各源区底栖动物平均生物量比较

在多样性方面，长江北源的底栖动物平均生物多样性指数最高，达到 1.39，长江正源的底栖动物平均生物多样性指数最低，为 0.76(图 3.4-15)。

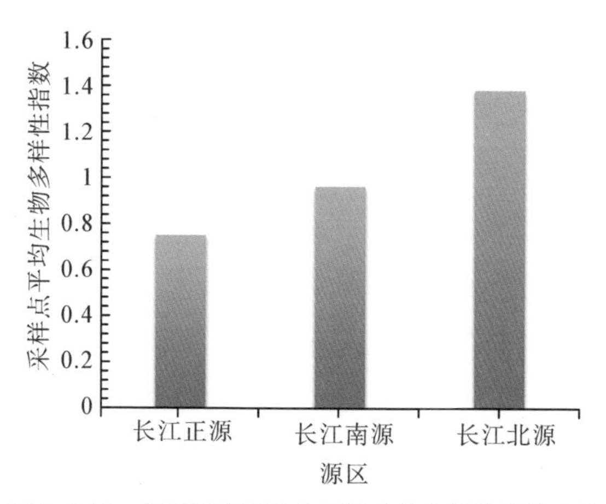

图 3.4-15　各源区底栖动物平均生物多样性指数比较

(2)各源区底栖动物特征差异原因分析

采样点一致,各监测点环境因子 PCA 结果和浮游植物环境因子 PCA 结果一致。将 PCA 结果中的环境驱动因子与底栖动物的 CCA 分析表明,生物量对床沙中值粒径、海拔和 COD 有明显的响应关系;物种丰富度和多样性指数对水温和泥沙含量正响应,但两者总体响应不明显。

底质床沙的中值粒径在本研究范围内对生物量影响最大,并呈正响应,这和其他学者研究一致。Buss 等(2004)认为,底质的适宜性是控制底栖动物分布最重要的影响因素,如栖息在不适的底质上,其生活就会受到抑制并逐渐死亡。颗粒间隙对底栖动物具有明显的影响。一般来说,松散底质中的物种多样性高于密实底质,只有那些能钻行在底质颗粒间隙的底栖动物才能生存(Beisel et al.,1998)。研究表明,底栖动物种类数与泥沙含量正相关(王海军等,2016),这和我们的研究结果一致,物种数量和多样性指数均对泥沙含量呈现弱的正响应。底栖动物物种分布与海拔呈显著负相关(渠晓东等,2010),也在我们的研究中得到体现。

赵伟华(2010)研究表明,长江中下游干流底栖动物的密度和生物量分别为 377 ind/m^2 和 0.853 g/m^2;潘保柱等(2012)对长江源沱沱河、尕尔曲、布曲、楚玛尔等水体的底栖动物调查表明,其平均密度和生物量分别为 59 ind/m^2 和 0.03 g/m^2。三次调查的长江源区河流的平均密度和生物量均低于赵伟华(2010)的研究结果,这可能是由于长江源区河流多属游荡型河流,生境稳定性较差,不利于底栖动物生殖。另外,长江源泥沙含量较大且有机质等来源较为缺乏,不利于浮游生物生存,在一定程度上减少了某些种类底栖动物的食物来源。长江正源、北源底栖动物的密度和生物量与潘保柱等(2012)的研究结果一致,区别在于:当曲干流中采集到了具有较大生物量的底栖动物。

3.4.3　长江源区裂腹鱼类

3.4.3.1　鱼类采集及分析

2019年开展了长江源区河流的鱼类监测工作，采用手抄网沿河岸水域逆流方向采集仔鱼和早期幼鱼，网目60目；亲鱼和亚成体采用三层刺网采集，如图3.4-16所示。鱼类鉴定依据为《青藏高原鱼类》(武云飞和吴翠珍，1992)，测量生物学参数，拍摄彩色图谱，并分析长江源区鱼类的生物学特性、鱼类种类相对重要性指数。

图3.4-16　三层刺网采集鱼类样本

3.4.3.2　长江源区鱼类的特征

长江源河流中主要分布有裂腹鱼亚科和高原鳅属等高原鱼类，由于长江源区的低水温以及食物相对匮乏，高原鱼类生长普遍缓慢。地处“第三极”青藏高原腹地，日照强烈，水温昼夜温差大，高原鱼类拥有很多适应这种环境的特性。比如裂腹鱼和高原鳅背部及两侧、鳍条上布满了圆形或不规则的斑点，这与抵御高原强烈的紫外线有关；裂腹鱼特有的臀鳞结构，和产卵习性相关；裂腹鱼触须数量减少，下咽齿行数减少，铲状下颌结构，与裂腹鱼类减少肉食性捕食，以刮食着生藻类为食等习性变化有关；鱼鳞减少甚至体表裸露无鳞等，与高原极低的水温有关；高原鳅属鱼类体型较小，进化出了单一囊状卵巢。高原鱼类还有很多独特的习性，比如裂腹鱼产卵时，往往用臀鳍在产卵场挖坑产卵，同时裂腹鱼的卵巢有毒，这些都是防范天敌、自我保护的习性。

3.4.3.3 长江源区裂腹鱼类组成分析

(1)数量百分比

通过 2019 年的调查，共在长江源区发现裂腹鱼类 2 种，为小头裸裂尻鱼(图 3.4-17)和裸腹叶须鱼(图 3.4-18)，均为大型鱼类。

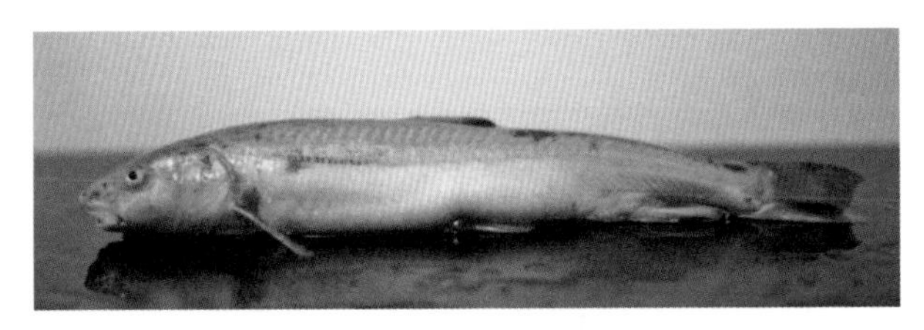

图 3.4-17　小头裸裂尻鱼(全长 44.7cm)

图 3.4-18　裸腹叶须鱼(全长 49.1cm)

2019 年调查发现，沱沱河小头裸裂尻鱼在总渔获物中数量占比 86.05%；当曲小头裸裂尻鱼在总渔获物中数量占比 69.51%，裸腹叶须鱼在渔获物中的数量百分比 4.47%；通天河小头裸裂尻鱼在总渔获物中数量占比量 66.67%，如图 3.4-19 所示。小头裸裂尻鱼在沱沱河、当曲以及楚玛尔河中种群数量丰富，采集到大量的仔幼鱼。裸腹叶须鱼仅在当曲采集到亲本，但在当曲、沱沱河、楚玛尔河和通天河均未采集到裸腹叶须鱼仔幼鱼，这可能反映了裸腹叶须鱼的种群数量较少。

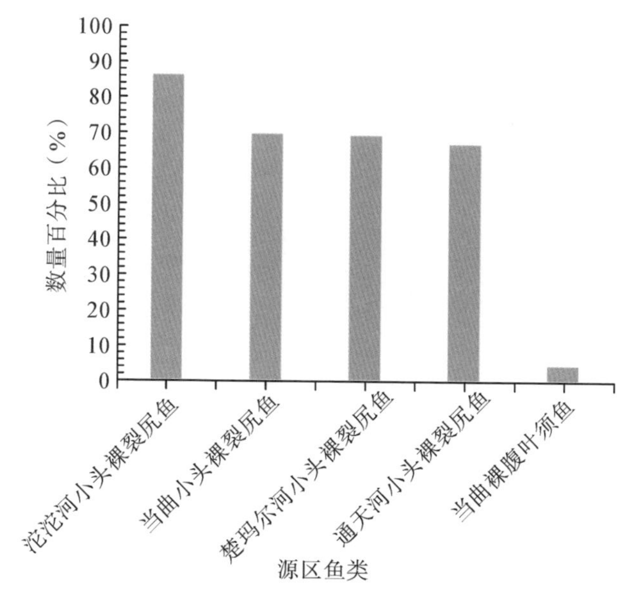

图 3.4-19　各种裂腹鱼在渔获物中数量百分比

(2)种类相对重要性指数(IRI)

整个长江源区小头裸裂尻鱼的相对重要性指数为 126.79%，裸腹叶须鱼的相对重要性指数为 6.07%，高原鳅的相对重要性指数为 37.86%。以相对重要性指数超过 100%为优势种标准，小头裸裂尻鱼为长江源区鱼类的优势种。裸腹叶须鱼和高原鳅属未达到优势种标准的原因在于：裸腹叶须鱼虽然个体大，但是数量少，只在一个采样点采集到，导致数量百分比小；高原鳅虽然数量多，全采样点均采集到，但是个体体重小，导致重量百分比小。

(3)体长体重方程

鱼类体长(L)和体重(W)是两个主要的生长因子，对各发育阶段鱼类的体长体重进行幂指数模拟，如图 3.4-20 所示。

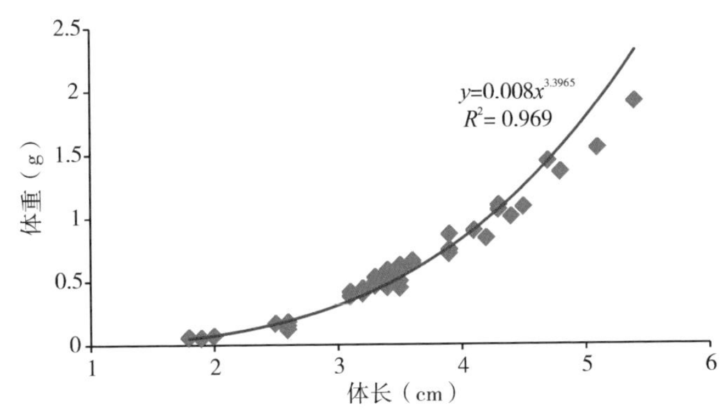

图 3.4-20　楚玛尔河小头裸裂尻鱼仔幼鱼体长体重幂指数拟合

长江各源区鱼类体长体重方程如表 3.4-1 所示。体长小于 7cm 的仔幼鱼均为异速生长，体长大于 12cm 的幼鱼以及亲鱼为匀速生长，指数值的不同与仔幼鱼各器官发育程度不同有关。

表 3.4-1　　　　长江各源区鱼类体长体重方程

源区、鱼种类及发育阶段	方程	样本数
沱沱河小头裸裂尻鱼仔幼鱼	$y=0.0038x^{4.0354}$，$R^2=0.9835$	37
楚玛尔河小头裸裂尻鱼仔幼鱼	$y=0.0075x^{3.3965}$，$R^2=0.9688$	49
通天河小头裸裂尻鱼仔幼鱼	$y=0.0058x^{3.6478}$，$R^2=0.9662$	16
当曲小头裸裂尻鱼亲鱼	$y=0.0207x^{2.8787}$，$R^2=0.9221$	11
当曲小头裸裂尻鱼幼鱼	$y=0.0159x^{2.8986}$，$R^2=0.9659$	12
当曲小头裸裂尻鱼仔鱼	$y=0.0034x^{3.4994}$，$R^2=0.9405$	7
当曲裸腹叶须鱼亲鱼	$y=0.0022x^{3.4705}$，$R^2=0.9059$	9

3.4.4　南源当曲鱼类越冬场

高原鱼类基础生物学研究已得到了广泛开展，高原鱼类的起源和进化一直也是研究的热点（张春霖等，1964；曹文宣等，1981；武云飞等，1991；陈毅峰，2000；何德奎和陈毅锋，2007；霍斌，2014；周贤君，2014）。目前，长江源鱼类的繁殖生态学和鱼类重要栖息地研究未见报道，江源鱼类的越冬场、产卵场和索饵场以及洄游通道研究尚属空白。特别是，在长江源区高原冬季－40～－30℃气温下，长江源头河流“连底冻”后，鱼群如何过冬生息？是游向通天河未冰封深水区越冬，还是另有越冬机制不得而知。

(1)鱼类越冬场

2019年，在当曲上游定位了鱼类的越冬场(图3.4-21)，小头裸裂尻鱼亲鱼在此集群越冬。同时，发现了长江源鱼类越冬场存在的相应“奥秘”：以裂腹鱼为代表的高原鱼类越冬场的形成与温泉直接相关，温泉是越冬场形成的必要条件。冬季温泉水的加热作用使得部分本该“连底冻”的河段仍处于解冻状态，且保持一定的水温，“聪明”的鱼儿在“洄游”河段冰封前即到达越冬场，安稳度过冬天，到第二年春夏之交，开始“生儿育女”，繁殖后代，生生不息。

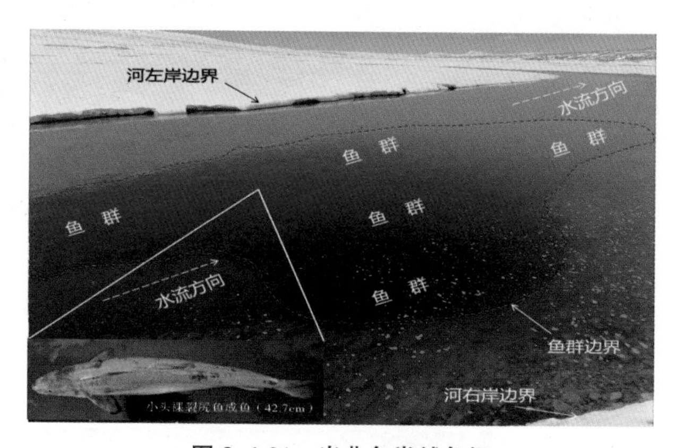

图3.4-21 当曲鱼类越冬场

根据遥感影像测量越冬场的大小，该越冬场河段长度为142m，从上游到下游逐渐变宽，宽度范围为19.9～53.7m，面积4042m^2(图3.4-22)，为卵石底质。

为使越冬场在冬季不发生“连底冻”现象，越冬期间，越冬场需要有大于0℃的水温需求。在越冬场上游1.2km处发现了汇入的温泉，并追溯了温泉的源头泉眼，温泉源头距离当曲汇入口1.1km。从温泉泉眼到越冬场为温泉水加热作用的河段，系较明显的融水河流，遥感图解译为青色。温泉河泉眼之上的河段、越冬场下游以及当曲温泉汇入口上游河段则皆为白色冰雪封冻河段，呈白色（图 3.4-23）。

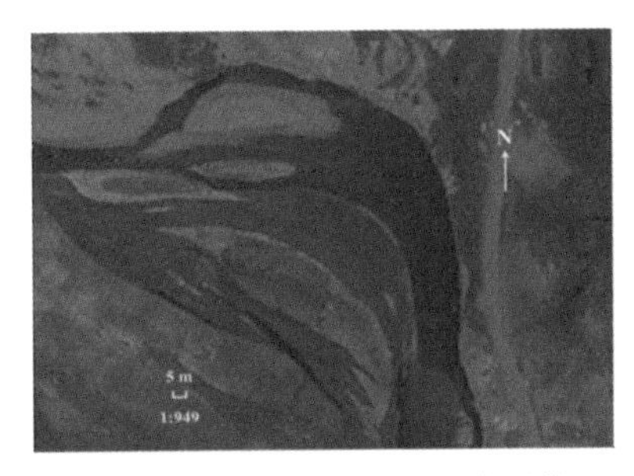

(a)枯水季节越冬场的遥感图像

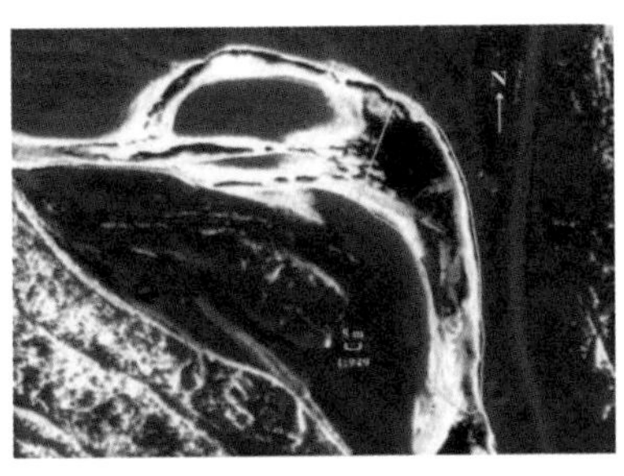

(b)冬季越冬场的遥感图像

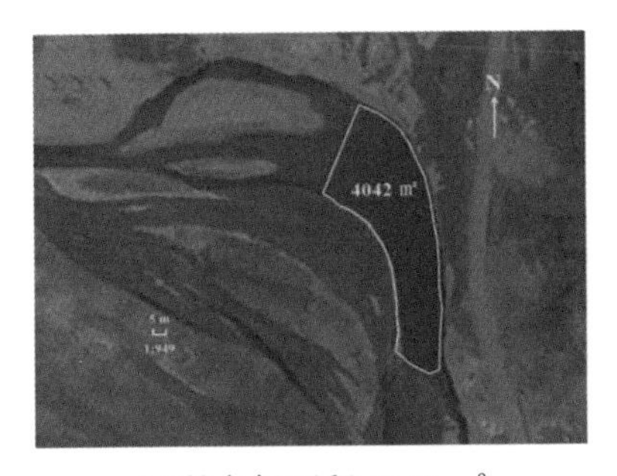

(c)越冬场面积 4042 m^2

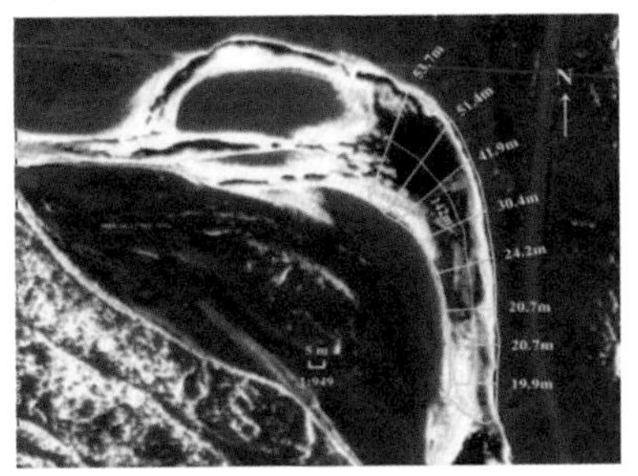

(d)越冬场长度(142m)和越冬场上游至下游的宽度范围(19.9～53.7m)

图 3.4-22　越冬场的遥感图像

图 3.4-23　越冬场及其汇入温泉遥感图

注：虚线箭头为水流方向

2019 年 11 月 4 日，实时监测越冬场及其温泉水温，监测河段为越冬场、温泉源头之间河段以及温泉水未作用的河段。在 14—15 时，发现越冬场水温 3.5℃，温泉水温 20.3℃，温泉源头至越冬场水温呈现逐渐降低的趋势。温泉汇入口下游 15m 处，在温泉作用下水温达到 16.8℃，温泉汇口上游 15m 处，温泉未作用河段的水温则低至 0.7℃，为当曲正常水温。该现象证明了越冬场水温较高的原因是受温泉水混入后的升温作用，温泉的注入是越冬场水温需求的必要条件，如图 3.4-24 所示。

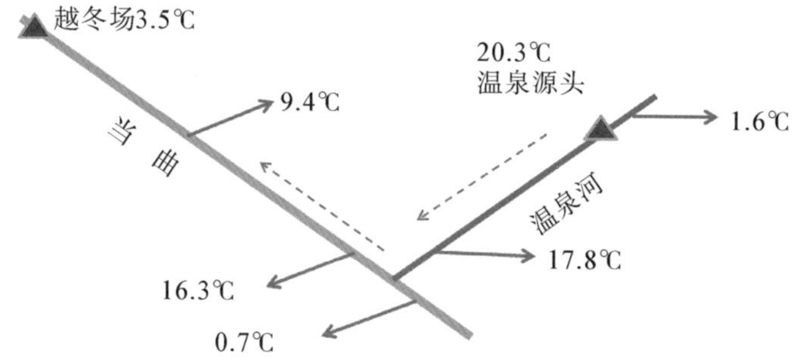

图 3.4-24　温泉水对越冬场的“加热”作用(2019 年 11 月 4 日 14—15 时)

注：虚线箭头为水流方向

(2)越冬场断面水温特征

4—10 月越冬场断面的水温范围为 0～20.1℃，该温度范围揭示了当曲鱼类对水温的耐受力。水温日节律极其明显，每日水温过程经过从低到高，再从高到低的过程，呈现类似“锯齿状”的日节律特性。水温过程以及最低温和最高温对应时间高度重合，日水温最低温出现在 8—9 时，日水温最高温出现在 17—18 时(图 3.4-25)。越冬场水温昼夜温差较大，昼夜温差最大出现在 4 月中旬，日温差达到 15.6℃。4—5 月越冬场水温最低达到 0℃，为冰水混合物状态，水表层结冰。4 月 23—29 日出现极低温，水温不超过 3.1℃，至 5 月 18 日水温不再出现低至 0℃的情况，水温逐步回暖。水温最高出现在 8 月中旬，达到 20.1℃，此时昼夜温差为 13.0℃。4—8 月月平均水温逐渐升高，从 2.44℃升高到 10.84℃；9 月水温开始降低，降至 10 月的 2.64℃（图 3.4-26），9—10 月降温速率（$y=15.18-4.80x$，水温和小时时间的拟合）大于 4—8 月的升温速率（$y=0.61+2.20x$，水温和小时时间的拟合）。

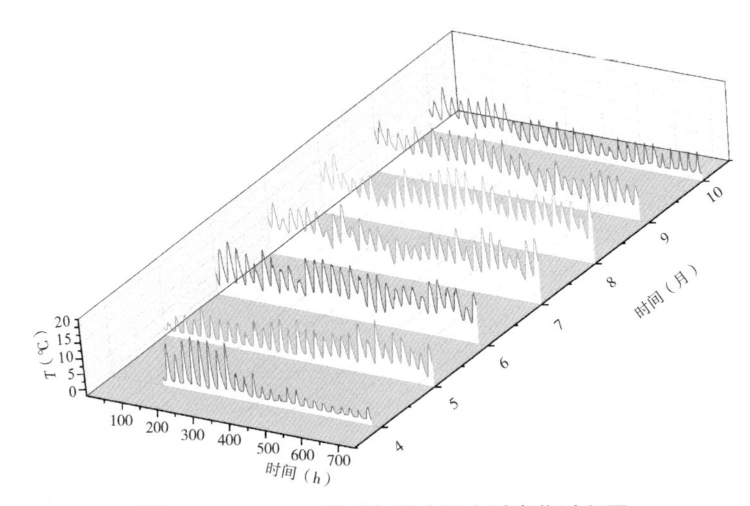

图 3.4-25　4—10 月越冬场水温小时变化过程图

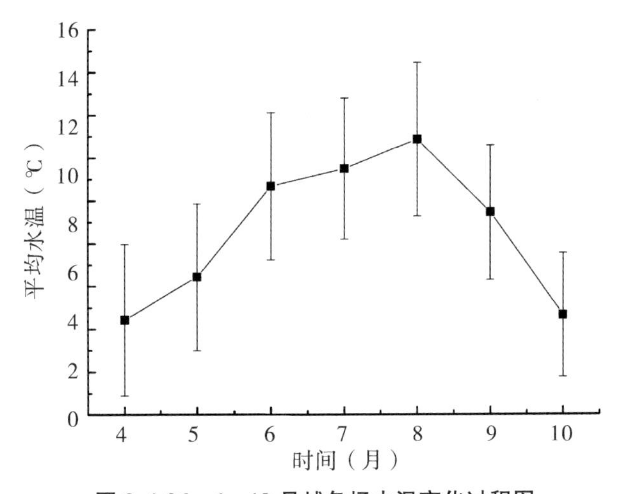

图 3.4-26　4—10 月越冬场水温变化过程图

(3)越冬场断面水位特征

4—10月越冬场断面的水深范围为0.59～1.93m(图3.4-27),水深最大值为1.93m,出现在7月24日8时。水深最小值为0.59m,出现时间为4月8日凌晨5时。4—7月水位上涨,水深逐渐升高(月均水位上涨,$y=0.10x+0.63,R^2=0.98$),8—10月过后,水位逐渐下降,水深逐渐降低($y=1.09-0.06x,R^2=0.82$),水位上涨速率快于水位降低速率(图3.4-28)。4月水位平稳增加,但不明显。在第518小时,5月和4月此时的水位相同。5月水位平稳,偶有约24小时的涨水过程,但涨幅较小,小于0.3m。6月17日起,出现持续的洪水过程,直至8月6日洪水期结束。其中,6月17—26日,洪水脉冲持续时间最长,持续时间达到215小时(403～618h),水位的涨幅达0.79m。

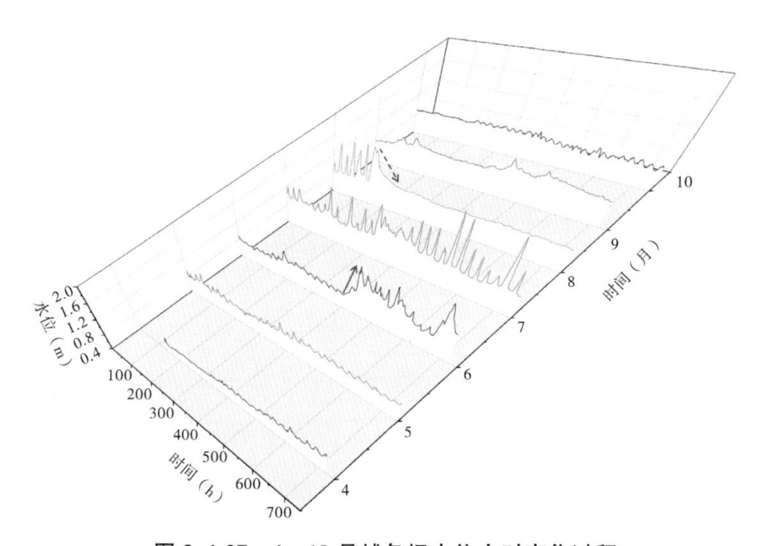

图3.4-27 4—10月越冬场水位小时变化过程

注:红色实线箭头表示洪水脉冲起始时间(6月19日),红色虚线箭头表示洪水脉冲结束时间(8月6日)。

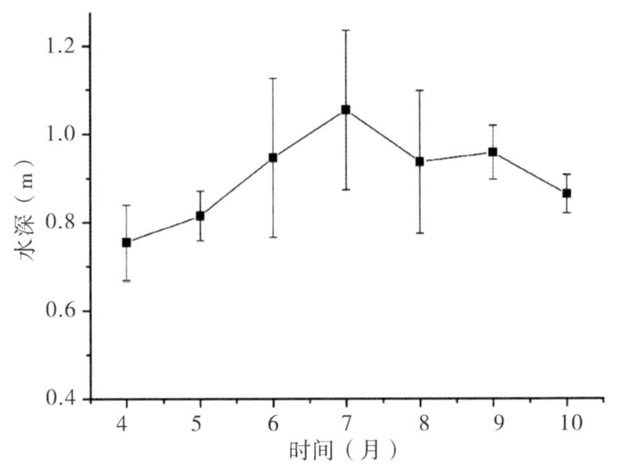

图 3.4-28　4—10 月越冬场月平均水位变化图

(4)越冬场小头裸裂尻鱼繁殖群体数量

模拟计算出 2019 年越冬场亲鱼数量约为 32000 尾,该亲鱼数量为当前越冬场小头裸裂尻鱼亲鱼的现状,代表着当前的水生态状况。以该数据为参考,一旦越冬场的亲鱼数量出现显著降低,则表明当曲该越冬场的小头裸裂尻鱼繁殖群体受到威胁,需要找出威胁原因并采取保护性措施。

3.4.5　小结与讨论

(1)缺乏河流重点保护区划分和水生态控制断面

长江源保护区面积大,管理和巡查力量薄弱,需要对河流栖息地实施重点保护区域制度,对河流开展保护区划分。按照核心区、缓冲区和实验区进行划分,核心区为重点保护区域,在核心区建立保护围栏等设施,实施定期的巡察制度。当前缺乏对河流栖息地进行重点保护,也缺乏研究水生态现状监测的控制断面。

(2)缺乏长江源河流重要栖息地研究

虽然在当曲发现了小头裸裂尻鱼的越冬场一处,但在当曲干流是否有其他越冬场存在还需要继续研究。目前,对长江源河流水生生态系统中鱼类的研究主要在于基础生物学和鱼类进化方面,对鱼类“三场一通道”等栖息地的研究仍存在大量空白。特别地,鱼类越冬场栖息地的适宜性以及面积大小可能是限制江源鱼类资源量的一个关键限制因子,需要重点加强对长江源鱼类越冬场的研究。

(3)长江源区栖息地鱼类资源退化

由于长江源区人类活动增强,修桥筑路等对鱼类栖息地造成破坏,偷捕等行为导致鱼类资源减少,大型个体变少,当前长江源区鱼类面临资源缩减、栖息地被破坏的压力;从长远看,长江源区在暖湿化作用下,冰川融化,河流水文情势将会改变,长江源鱼类面临栖息地水文节律被打破、生存受到挑战的问题。

3.5　湿地生态系统

3.5.1　湿地面积及景观格局变化

利用中国科学院资源环境数据云平台(http://www.resdc.cn/)提供的多期中国陆地生态系统类型空间分布数据集,对长江源区1980—2018 年主要类型生态系统变化进行分析。其结果表明:长江源区生态系统空间格局总体稳定,各类生态系统占整个研究区面积比例没发生较为明显的变化(图 3.5-1),均是以草地生态系统和荒漠生态系统为主,两者面积占整个长江源的 86%以上,其次为水体和湿地生态系统,其面积约占整个长江源的 8%。

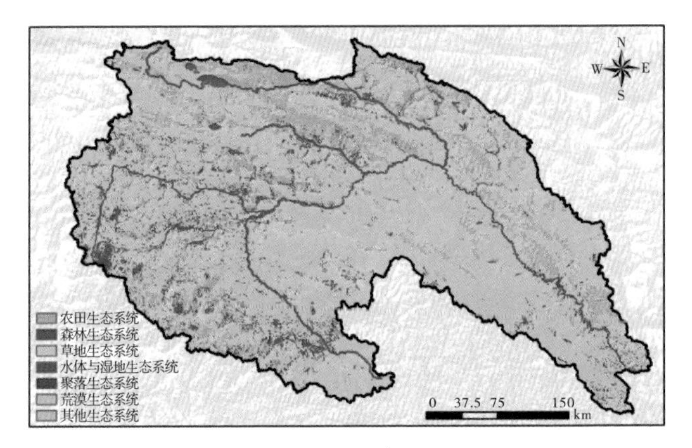

(a)1980 年

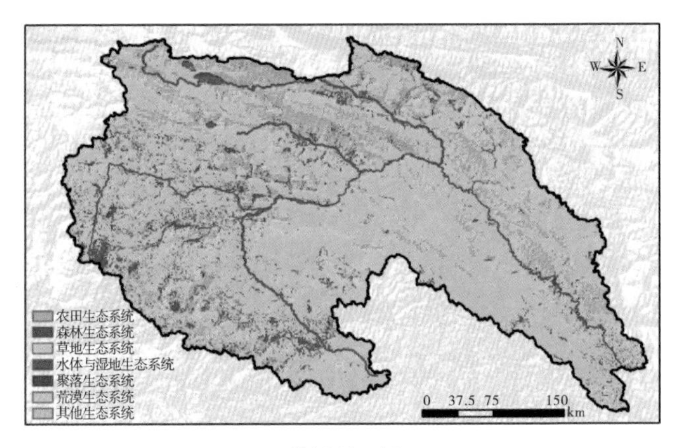

(b)1990 年

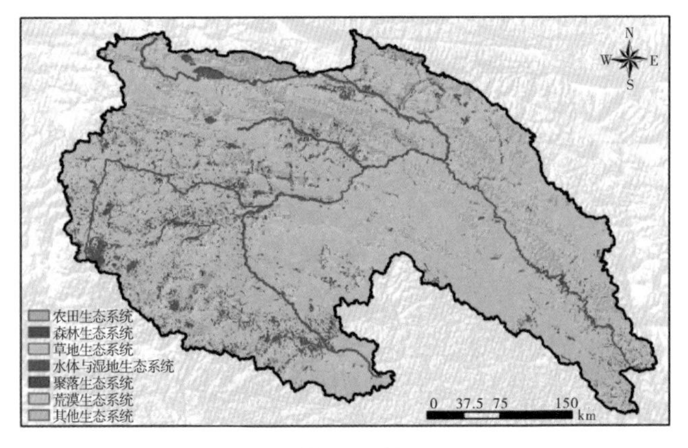

(c)1995 年

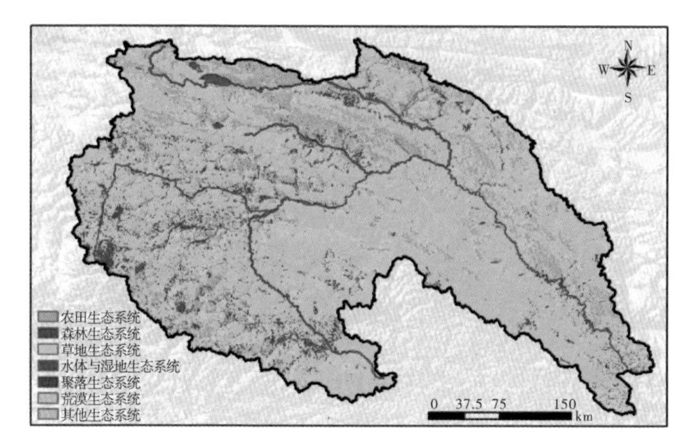

(d)2000 年

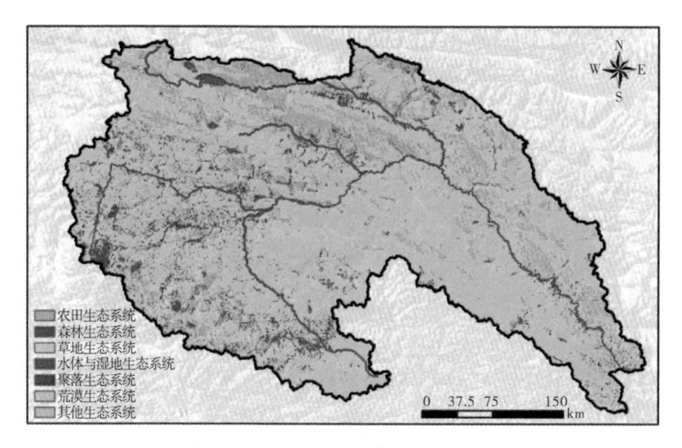

(e)2005 年

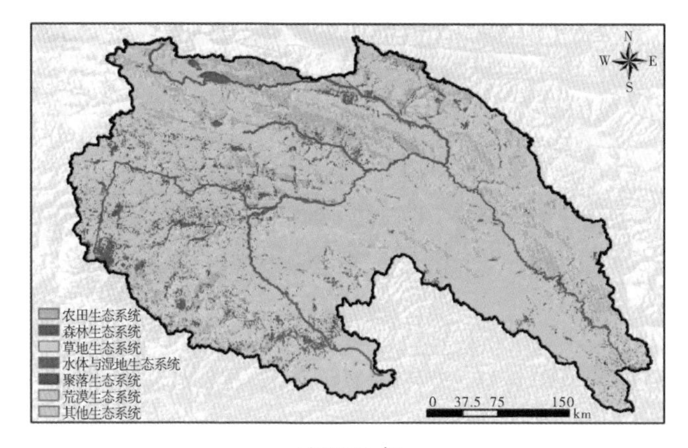

(f)2010 年

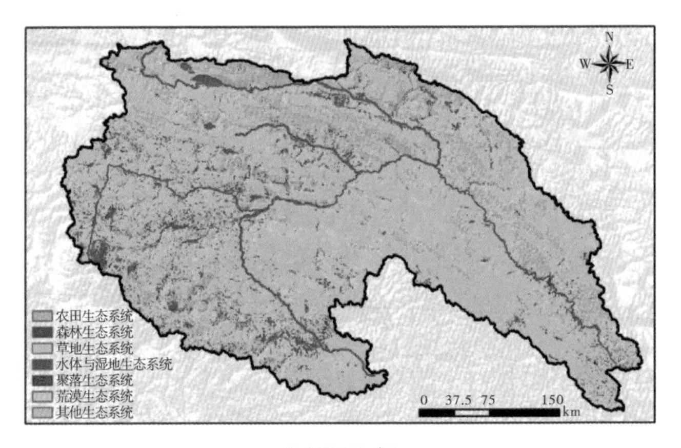

(g)2015 年

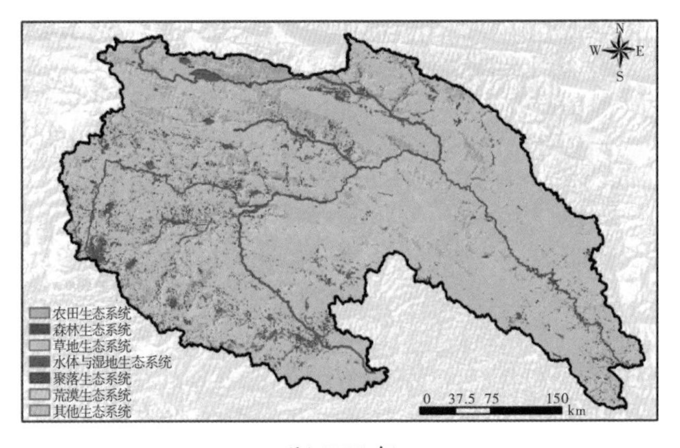

(h)2018 年

图 3.5-1　1980—2018 年长江源主要生态系统类型变化

在湿地生态系统中，湖泊湿地面积呈现出较为明显增加的趋势，而沼泽湿地面积则略有减少（图 3.5-2）。对比 1980 年和 2018 年两期数据可知，近 40 年湖泊湿地面积增加了 7.2%，沼泽湿地面积减少了 1.4%。从近似的线性关系来看，气温每升高 1℃，湖泊湿地面积约增加 100km^2，沼泽湿地面积约减少 20km^2（图 3.5-3）。近年来随着全球气候变暖，导致冰川融化，增加区域的水源补给，湖面水位升高和扩张，是长江源区湖泊湿地面积增加的重要原因；而在增温背景下多年冻土退化引起的土壤水分逐渐散失、蒸发增强和径流减少，则是导致长江源沼泽湿地面积减少的原因之一。然而由于长江源区面积广泛、地形复杂，局部地区也表现出相反的变化趋势。长江源区湿地退化较为明显的区域主要集中在海拔相对较低的季节冻土区与多年冻土区交汇地区，如治多县东南部、曲麻莱县西北部以及格尔木市和杂多县南部的部分地区。另外，长江源区高寒湿地转好或新增湿地主要分布在格尔木市西北部和曲麻莱县中北部地区。

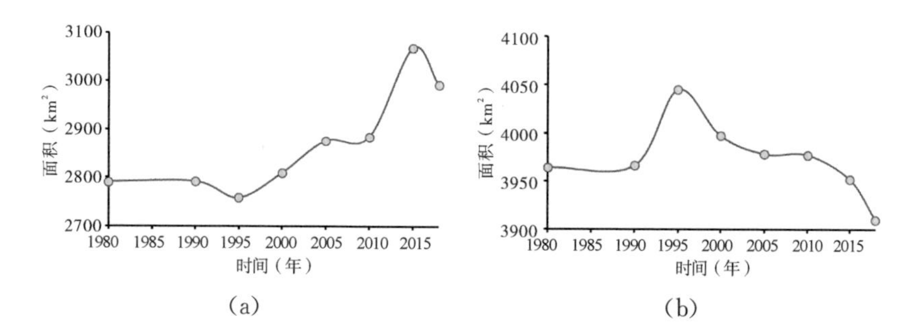

图 3.5-2　1980—2018 年湖泊湿地面积(a)与沼泽湿地面积(b)变化

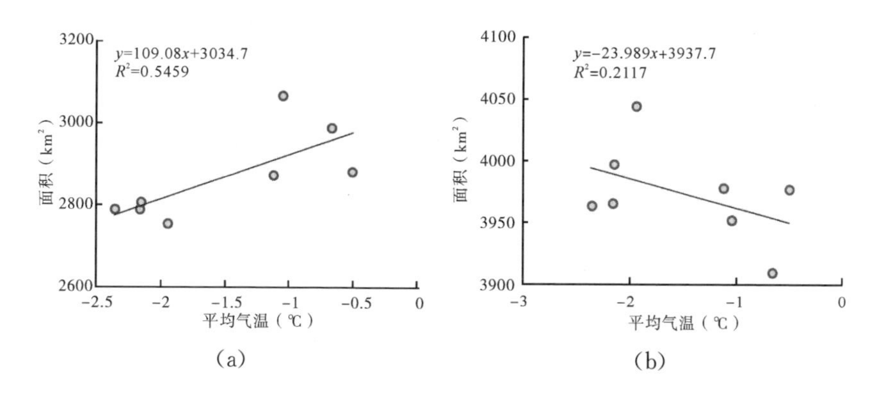

图 3.5-3　湖泊湿地面积(a)和沼泽湿地面积(b)与气温之间的关系

长江南源当曲流域拥有世界海拔最高的湿地景观，通过对 2013—2018 年遥感影像的分析，流域内四大主要的湖泊湿地当拉错纳玛、扎木错、尼日阿错改和尕鄂错纳玛整体上尚未呈现出明显的萎缩或扩张趋势(图 3.5-4)。主要是因为近年来气温处于高位波动阶段，且相对稳定，而降水变化不明显。

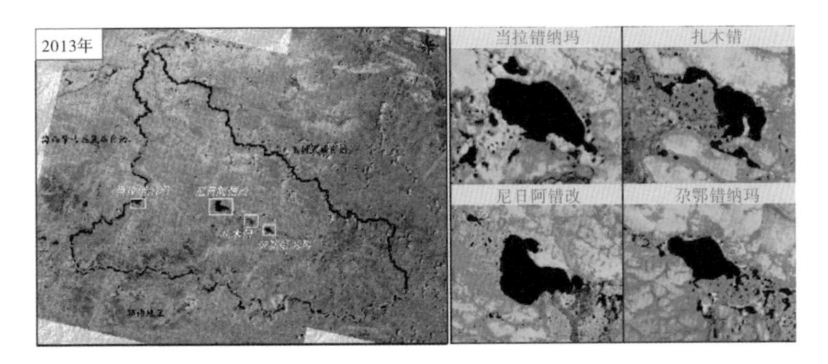

(a)2013 年

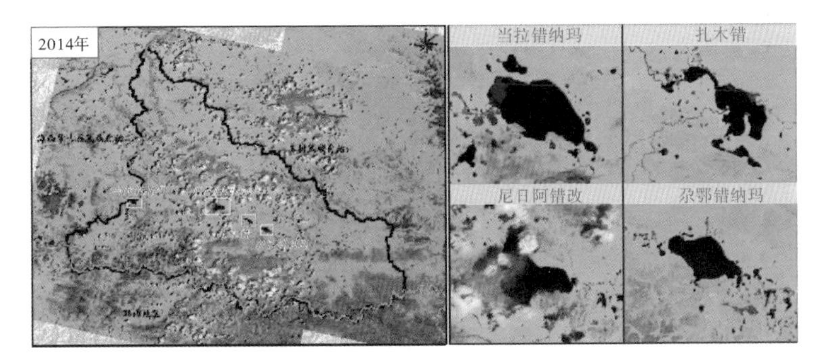

(b)2014 年

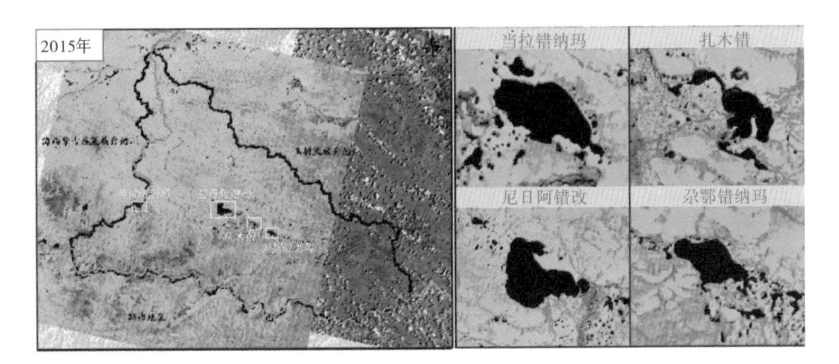

(c)2015 年

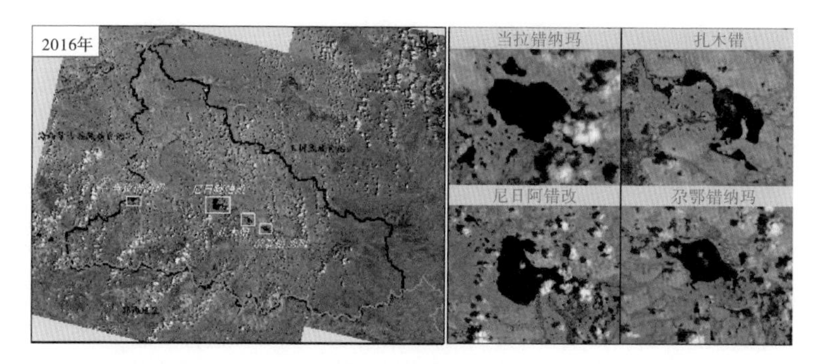

(d)2016 年

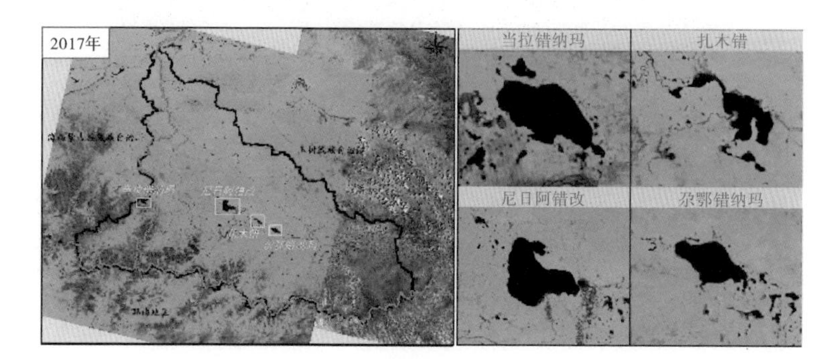

(e)2017 年

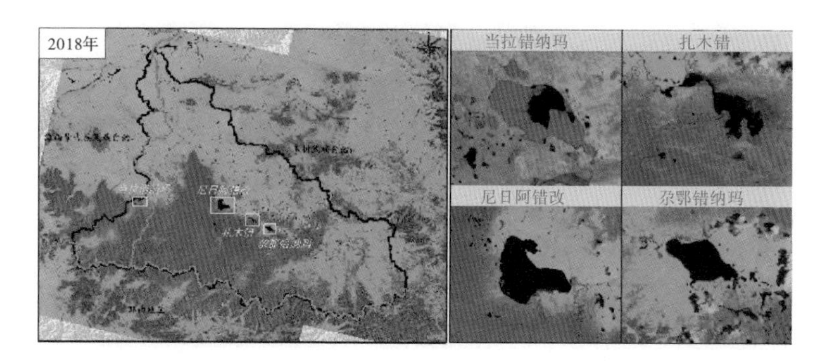

(f)2018 年

图 3.5-4　当曲流域 2013—2018 年 Landsat8 OLI 影像(波段 6、5、4 组合)

本次研究和考察区域主要在杂多县查旦乡附近的苔草—嵩草沼泽区,即查旦沼泽,考察时间适逢当曲的雨季,河网密集,沼泽遍布(图 3.5-5)。该地区当曲干流穿行其间,在地貌形态上忽而河流、忽而沼泽，或者沼泽中嵌套河流，水流、生物及能量互通交换，形成独特的“河流—沼泽”耦合地貌。该地区优势种有黑褐苔草、青藏苔草、藏嵩草和矮嵩草，植物种群结构比较简单。植物生长密集，平均盖度在90%左右，草丘和水坑相间分布，地表长期处于积水状态。考察区域接近当曲发源地，人类活动十分有限，生态环境较为良好。

图 3.5-5　当曲查旦沼泽湿地

对1980—2018年长江源区湿地景观斑块数量和斑块密度的变化过程分析可知，近10年来长江源区湿地景观斑块数量和斑块密度呈现明显增加(图3.5-6)。主要是人类活动的增强使得局部湿地环境受到较大的破坏，湿地的破碎化程度加剧，加快了湿地退化的速度。

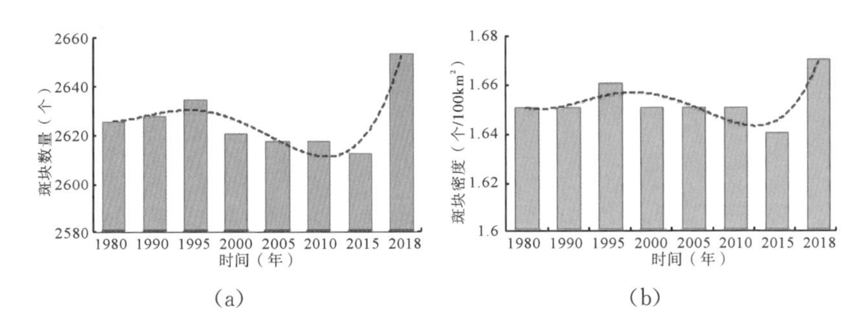

图 3.5-6　湿地景观斑块数量(a)和斑块密度(b)

3.5.2　道路建设对植被及湿地景观格局的影响

公路、铁路等道路的建设导致了沿路的人类活动加强，对生态环境带来的负面影响主要表现在道路建设期和道路营运期两个阶段，影响体现在植被、水环境等方面。尤其是公路投入使用后增加了源区牧民和畜牧便利的同时也增加了他们的活动范围，使得道路沿线植被的载畜压力加大，并在道路两侧一定范围内出现植被退化。利用中国科学院资源环境数据云平台提供的中国年度植被指数（NDVI）空间分布数据集，经过裁剪和时间序列分析，得到长江源区2000年以来植被指数变化趋势空间分布特征（图3.5-7）。从图3.5-7中可以看出，植被退化的地区主要位于路网密度较高及人类活动较为密集的长江源东部地区。

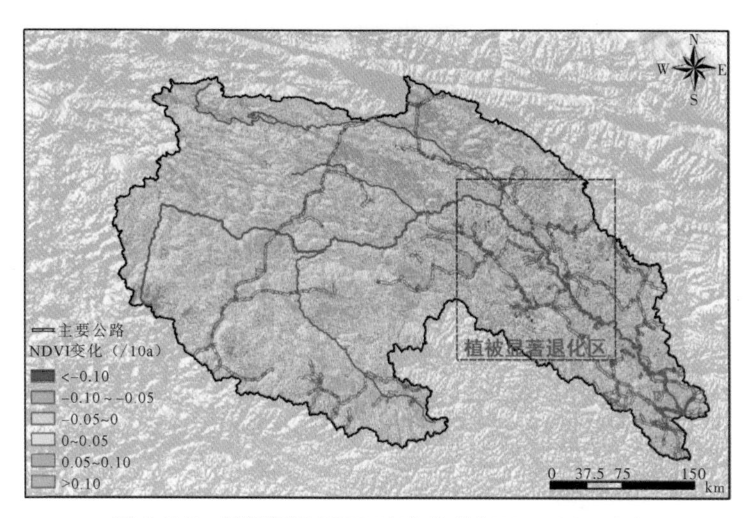

图3.5-7　长江源区NDVI变化趋势（2000—2018年）

提取长江源地区段主要公路，并以其为中心两侧以10km为单位，创建缓冲区，统计每个缓冲带内NDVI变化情况。各缓冲带内，NDVI变化倾向率≤−0.05/10a的栅格占缓冲带总面积的比例如图3.5-8所示。

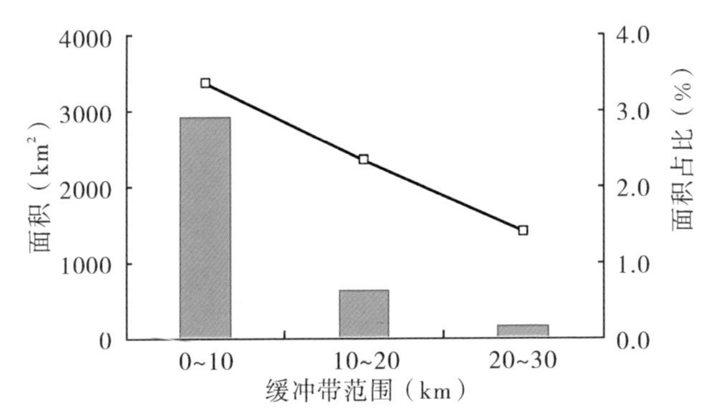

图 3.5-8　各缓冲带 NDVI 变化倾向率≤−0.05/10a 的区域面积及占比

从图 3.5-8 中可以看出，植被退化较为明显的区域面积及退化率随距公路两侧距离的增加而减少。进一步以缓冲带 0～20km 内植被退化区(NDVI 减少地区)为研究对象，统计不同地区 NDVI 减少速率特征值，绘制出如图 3.5-9 所示的箱线图。从图 3.5-9 中同样可以看出，随着距公路距离的增加，植被退化速率逐渐降低。

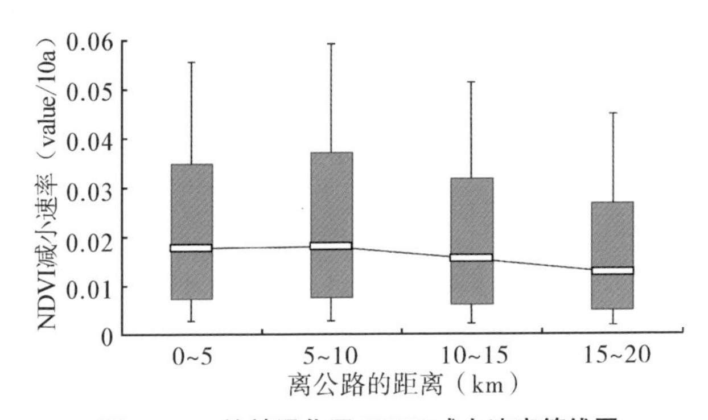

图 3.5-9　植被退化区 NDVI 减少速率箱线图

利用 M-K 检验法对 2000—2018 年 NDVI 变化趋势进行分析，并将长江源区划分为 10km×10km 的网格，统计各网格内 NDVI 减少的像元占比和道路的长度，并分析两者之间的关系，其结果如图 3.5-10 所示。

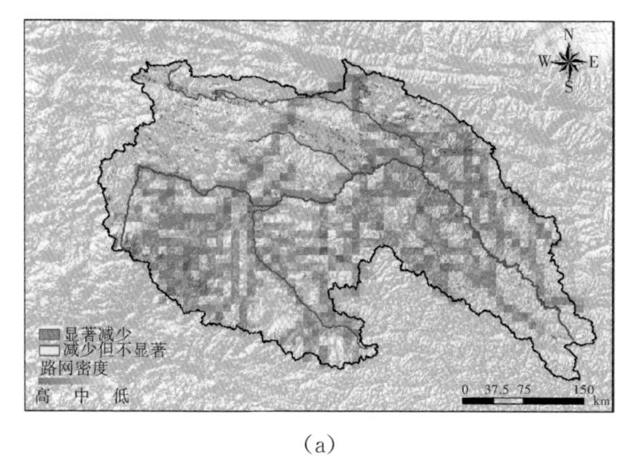

(a)

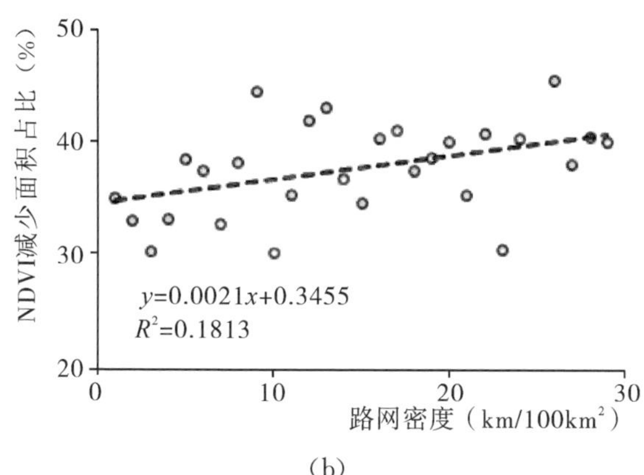

(b)

图 3.5-10　长江源区路网密度及其与 NDVI 变化的相关性

从图 3.5-10 中可以看出，NDVI 减少的区域普遍集中在路网密度较高的地方，且随着路网密度的增加，植被退化面积占比逐渐增加，说明道路的修建在一定程度上会加剧植被的退化。

另一方面，道路的修建增加了土地破碎程度和景观破碎度等，而土地破碎度的提高将降低野生动植物栖息地的质量，可能导致生物多样性发生变化，同时影响生态系统的结构和功能。对 2000 年以来道路两侧 10km 缓冲带内的景观格局进行分析可知，道路周边湖泊湿地和沼泽湿地斑块数量和形状指数均呈现出增加的趋势，在一定程度上说明公路的修建及建成后人类活动的加剧导致湿地的景观破碎度增加(图 3.5-11)。

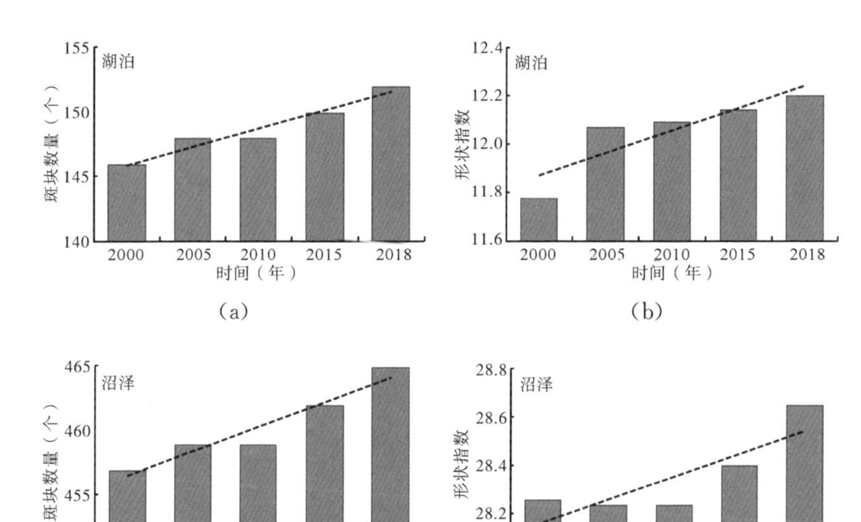

图 3.5-11　2000 年以来道路两侧 10km 范围内景观指数变化

3.5.3　长江源及湿地生态系统服务价值变化

以长江源区 1980 年、1990 年、1995 年、2000 年、2005 年、2010 年、2015 年和 2018 年共 8 期土地利用数据为基础，核算长江源区食物生产、原料生产、水资源供给、气体调节、气候调节、净化环境、水文调节、土壤保持、维持养分循环、生物多样性和美学景观共 11 种生态服务的价值，进而得到不同时期长江源区生态系统服务价值的时空分布特征(图 3.5-12)。1980—2018 年生态系统服务价值高的区域分布与水域分布相一致，主要集中在正源沱沱河流域以及北源楚玛尔河流域局部湖泊湿地地区；生态系统服务价值中等的区域分布与草地的分布相一致，主要集中在南源当曲流域；生态系统服务价值低的区域与未利用土地的空间分布相吻合，主要分布在北源楚玛尔河流域。

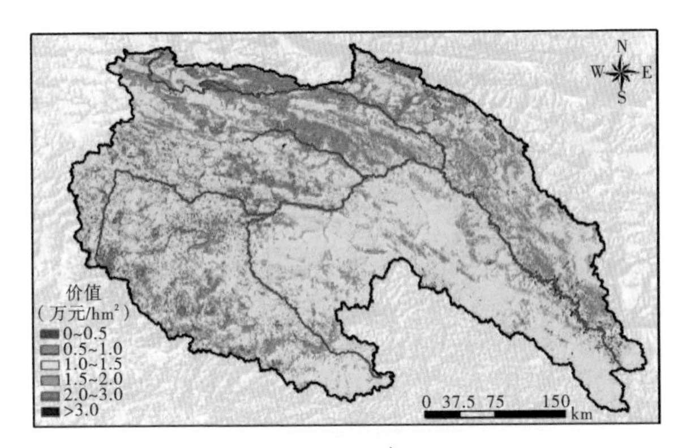

(a)1980 年

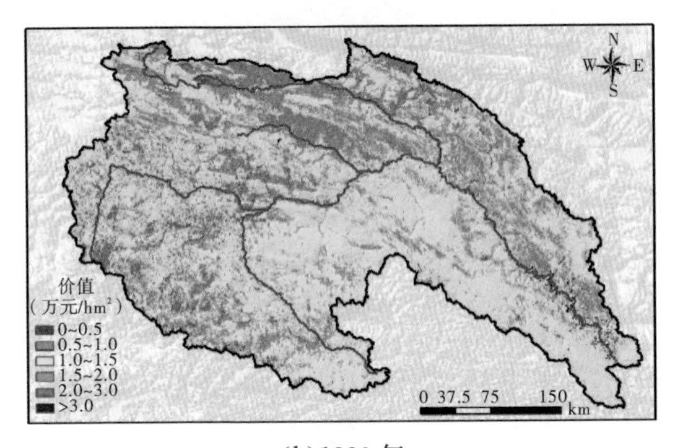

(b)1990 年

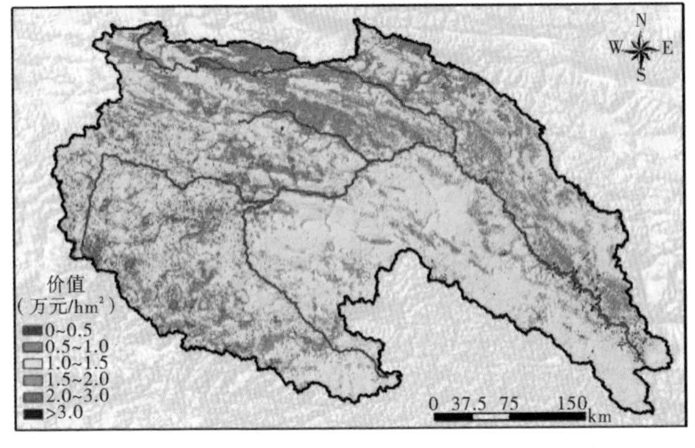

(c)1995 年

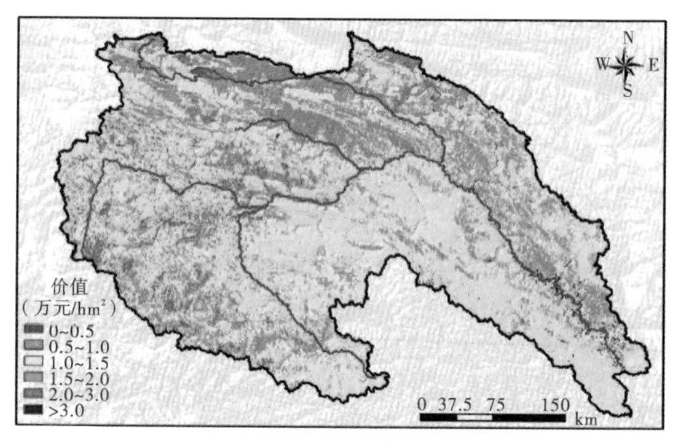

(d)2000 年

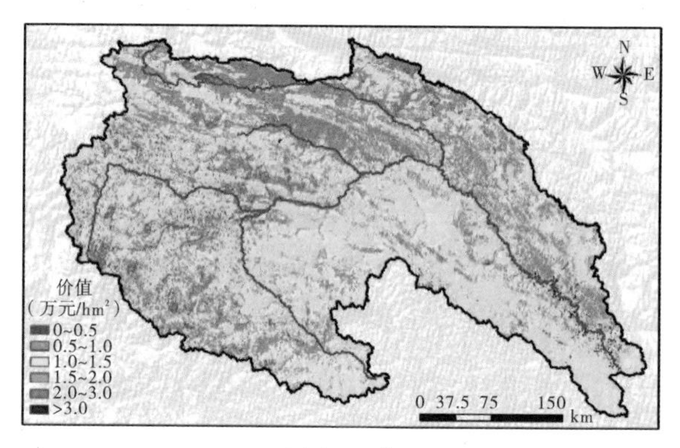

(e)2005 年

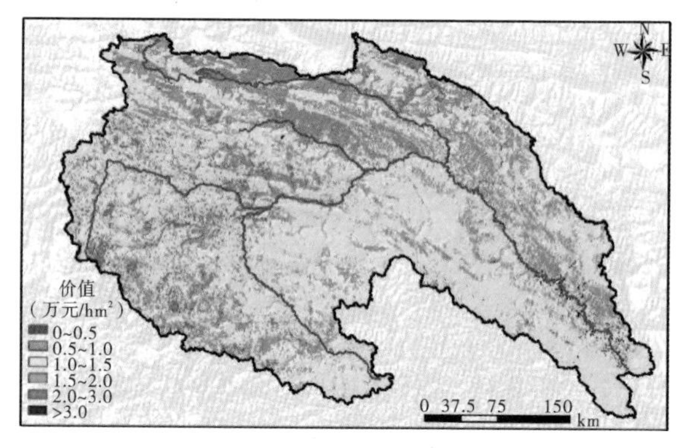

(f)2010 年

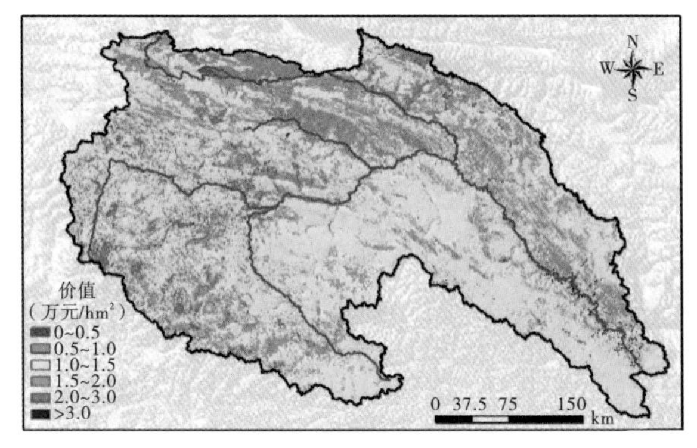

(g)2015 年

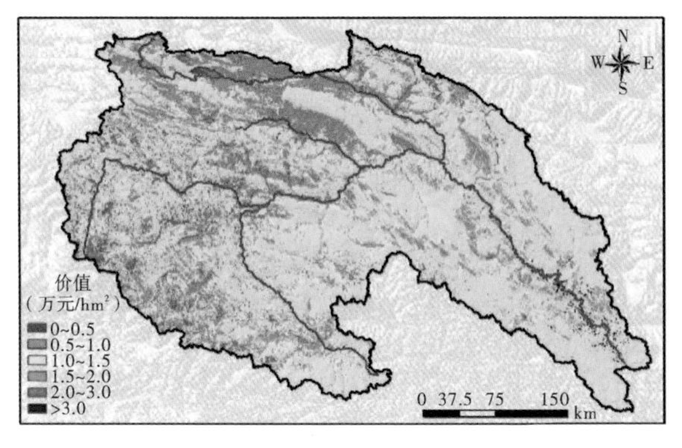

(h)2018 年

图 3.5-12　1980—2018 年长江源区生态系统服务价值变化

长江源区近 30 年来生态系统服务价值呈现出略微增长的趋势，单位面积生态系统服务价值由 1.02 万元/hm^2 增长到 1.04 万元/hm^2，年均增长率为 0.051%。所核算的 11 种生态系统服务价值的组成并没有发生明显的变化，主要是水文调节价值、土壤保持价值、气候调节价值、生物多样性价值，分别占总价值的 33.7%～34.2%、19.3%～19.5%、15.5%～15.8%和 7.5%～7.6%(图 3.5-13)。

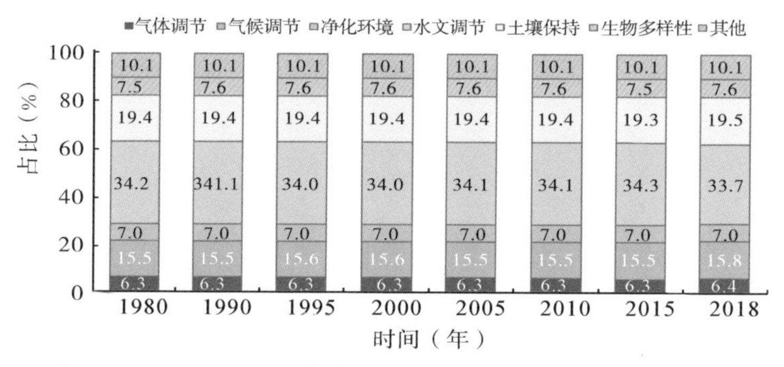

图 3.5-13 1980—2018 年长江源区生态系统服务价值组成变化

长江源区湿地生态系统服务价值以水文调节为主，占总价值的 82.7%；其次为水资源供给，占总价值的 7.4%。1980—2018 年，湿地生态系统服务价值整体变化不大，呈现出先减少后增加的趋势(图 3.5-14)。1995—2010 年相对于 20 世纪 70、80 年代减少了 1.4%；近年来，随着气候变化的加剧，湖泊面积扩张，湿地主要的水文调节和水资源两类生态系统服务价值有所提升，相对于 20 世纪 70、80 年代增加了 2.2%。

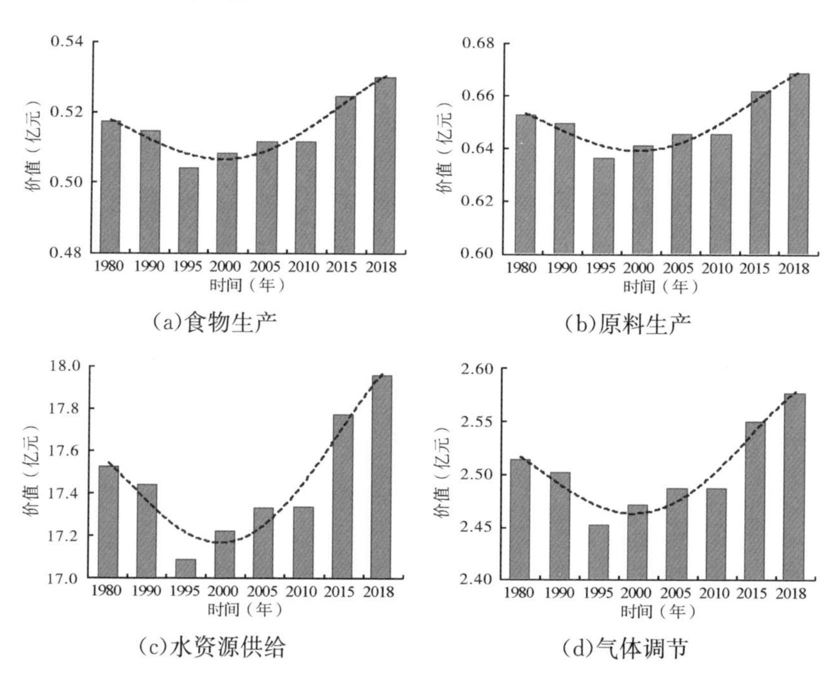

(a)食物生产　(b)原料生产

(c)水资源供给　(d)气体调节

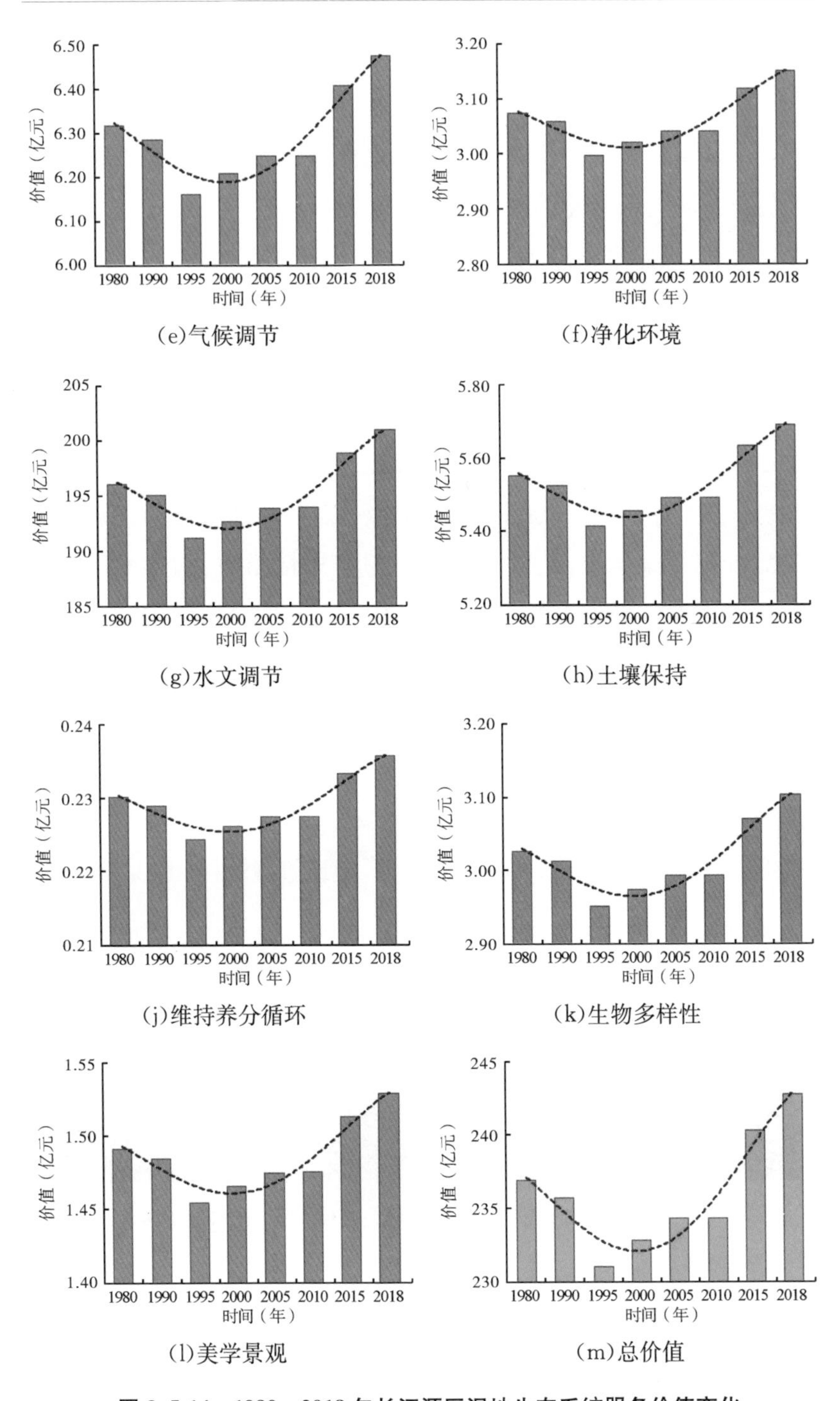

图 3. 5-14　1980—2018 年长江源区湿地生态系统服务价值变化

3.5.4 小结与讨论

在以增温为主要特征的气候变化背景下，对于局部沼泽湿地，气温升高是湿地退化的主要因素，气温的升高一方面增大了湿地的蒸散发量，加强了湿地区的水胁迫；另一方面加速了冻土融化，削弱了冻土对土壤水下渗的截留作用，导致土壤水分丧失和湿地退化。

长江源区大规模的新建道路工程虽然促进了地方经济发展，但是也对湿地环境造成了一定程度的破坏，对湿地的退化产生放大作用主要体现在：①道路直接截断了大部分路段湿地地表水交换，致使沼泽湿地景观整体波动较大，多样性指数、均匀度指数都降低；②道路基础施工削弱了两侧地下水交换强度，也加剧了湿地面积萎缩；③部分道路修建中未留有足够的野生动物通道，特别是藏羚羊通道，过往车辆对其活动影响较大，公路粉尘大，长时间作用下对两边草地生态造成一定影响；④道路建设增加了源区牧民和畜牧的便利，同时也增加了他们的活动范围，使得道路沿线湿地植被的载畜压力加大，导致草场破坏严重，湿地景观受损(图 3.5-15)。

图 3.5-15　穿过源区湿地的在建公路(摄于 2019 年 8 月)

3.6 植被生态

2019 年 8 月 5—9 日，开展了长江源区植被生态现场调查

(图 3.6-1)。在调查过程中,按照区域生态环境差异的原则布设调查点,分别对当曲(长江南源)、沱沱河(长江正源)、楚玛尔河(长江北源)、科欠曲、莫曲、囊极巴陇、尕尔曲和布曲等地的 12 个调查点开展了现场调查。植被生态调查采用了经典的样方调查法,按照草地样方 1m ×1m、灌木样方 5m ×5m 布设,共计布设调查样方 14 个(其中当曲巴麻村调查点布设 3 个样方)。通过调查,获取了典型调查点的样内植物物种类型、植被覆盖度、植物生物量、植株高度、物种多度和生境特征等数据 14 组,同时记录了相应调查点的植被景观格局、干扰状况和生态环境问题等信息 14 组,测定了土壤温度数据 14 组,采集了土壤样品 14 组。基于以上数据,开展了长江源区植被生态相关内容的分析。

图 3.6-1　植被生态现场调查(摄于 2019 年 8 月)

3.6.1　长江源区植被景观格局与植物种类

(1)长江源区植被景观格局

调查显示,长江南源区整体上属于草甸植被景观,分布最多的景观类型为高寒草甸和高原湿地景观,植被类型以高寒草甸植被和高原湿地植被为主,其中高寒草甸植被主要分布在雪线以下的山脚、高原台面等生境,而高原湿地植被主要分布在河谷低平地、河漫滩和高原河湖周边(图 3.6-2)。另外,调查中也发现,该区域的植被分布除具有明显的垂直地带性分布特点外，局地气候和小生境对植被分布的影响也比较明显。

(a)高寒草甸景观　(b)退化草甸景观

(c)高原湿地景观　(d)退化湿地景观

图 3.6-2　长江南源植被景观

考察表明，长江正源和北源区的植被景观类型主要包括高寒草甸植被景观、冰缘植被景观、荒漠紧缩型植被景观和高原湿地植被景观 4 种类型(图 3.6-3，图 3.6-4)。其中高寒草甸植被景观分布最为广泛，主要分布在高原台面和雪线以下高山坡脚，具有生物多样性丰富、生态调节能力强等特点；冰缘植被景观主要分布在海拔 5000m 以上、5500m 以下的冰川流石滩上，是山地植被垂直带分布最高的植被类型，具有群落结构单一、植株矮小、呈斑块状分布等特点；荒漠紧缩型植被景观主要分布在荒漠、沙漠、戈壁等极端恶劣的生境，是植物适应严酷的自然环境，而在植株形态和分布特征上都独具特点的一种植被景观，具有群落结构单一、物种数量少、呈斑块状分布等特点；此外，在高原河湖周边，广泛分布着高原湿地，则属于高原湿地植被景观，在调查区域分布广泛，群落结构相对较为稳定。

(a)冰缘植被景观

(b)高寒草甸植被景观

(c)荒漠紧缩型植被景观

(d)高原湿地植被景观

图 3.6-3 长江正源植被景观

(a)高原湿地植被景观

(b)退化高原湿地植被景观

(c)高寒草甸植被景观

(d)冰缘植被景观

图 3.6-4　长江北源植被景观

(2)长江源区植物物种多样性

调查表明,在植物物种多样性方面,长江南源以草本植物最为丰富,具体以莎草科(*Cyperaceae*)、菊科(*Asteraceae*)、豆科(*Leguminosae* sp.)和禾本科(*Gramineae*)的植物种类最多,分布最广(图 3.6-5)。其中,在这个区域内,莎草科最常见的植物包括高原嵩草(*Kobresia pusilla* N. A. Ivanova)、高山嵩草(*Kobresia pygmaea* (C. B. Clarke)C. B. Clarke)等;菊科(*Asteraceae*)最常见的植物包括蒲公英(*Taraxacum mongolicum* Hand. -Mazz.)、紫苞风毛菊(*Saussurea iodostegia* Hance)、高山火绒草(*Leontopodium alpinum*)等;豆科常见植物包括青南棘豆(*Oxytropis qingnanensis*)、八宿棘豆(*Oxytropis baxoiens*)、野豌豆(*Vicia sepium* Linn.)等;禾本科常见植物包括紫羊茅(*Festuca rubra* L.)、异针茅(*Stipa aliena* Keng)等。此外,草本植物中的伞形科(*Umbelliferae*)、龙胆科(*Gentianaceae*)、蓼科(*Polygonaceae*)、罂粟科(*Papaveraceae*)、车前科(*Plantaninaceae*)和毛茛科(*Ranunculaceae*)植物也有分布。受气候、土壤和生物演化史等的影响,长江南源乔木和灌木植物种类较少。其中,灌木以蔷薇科(*Rosaceae*)的金露梅(*Potentilla fruticosa* L.)较为多见。但是,受生境条件的影响,在不同的海拔高度,其形态差异也比较大,一般

在海拔4500m以上，植株比较矮小，而在海拔3700～3900m，植株则比较高大。

(a)高原嵩草(*Kobresia pusilla*)

(b)红景天(*Rhodiola rosea* L.)

(c)金露梅(*Potentilla fruticosa* L.)

(d)多刺绿绒蒿(*Meconopsis horridula* Hook. f. & Thoms.)

图3.6-5　长江南源典型植物种类及生物多样性

调查显示，在长江正源和北源，由于调查区海拔高，气候寒冷，植物以草本物种居多，在物种组成上，以莎草科(*Cyperaceae*)、菊科(*Asteraceae*)、豆科(*Leguminosae* sp.)等植物种类最多，分布范围最广(图3.6-6、图3.6-7)。其中，莎草科最常见的植物包括高原嵩草(*Kobresia pusilla* N. A. Ivanova)、高山嵩草(*Kobresia pygmaea* (C. B. Clarke))等；菊科植物包括蒲公英(*Taraxacum mongolicum* Hand.-Mazz.)、高山火绒草(*Leontopodium alpinum*)、雪莲花(*Saussurea involucrata*)等；豆科常见植物包括八宿棘豆(*Oxytropis baxoiens*)、青南棘豆(*Oxytropis* qingnanensis）等。此外，常见的植物种类还包括伞形科（*Umbelliferae*）的天蓝韭（*Allium cyaneum*. Regel），龙胆科（*Gentianaceae*）的大叶龙胆（*Gentiana macrophylla* Pall.）、钻叶龙胆（*G. hay na ld ii*）等物种。

（a）大苞雪莲（*Saussurea bracteata Decne.*）

（b）藏雪莲（*Saussurea involucrata*）

（c）西藏野豌豆（*Vicia tibetica* C. E. C. Fisch.）

（d）西藏委陵菜（*Potentilla xizangensis* Yü et Li）

图 3.6-6 长江正源典型植物种类及物种多样性

（a）高原点地梅（*Androsace integra* Maxim.）

（b）苔状雪灵芝（*Arenaria musciformis*）

(c)蒲公英

(*Taraxacum mongolicum* Hand.-Mazz.)

(d)龙胆

(*Gentiana scabra* Bunge)

图 3.6-7　长江北源典型植物种类及物种多样性

3.6.2　长江源区植物多样性和植被生产力空间分布规律

(1)植物多样性空间分布规律

植物多样性空间分布格局一直是宏观生态学和生物地理学研究的热点问题之一。研究利用 2019 年的植物群落样方调查数据，选取 Shannon-Wiener 指数，分析了植物多样性与经度、纬度和海拔之间的关系。分析结果表明，经度与植物生物多样性指数具有显著的正相关性，且生物多样性指数随着经度值的增加呈逐渐递增趋势，表明长江源区从西向东植物生物多样性呈现逐渐增加的趋势，与区域尺度植物生物多样性水平地带性相关研究结论一致(图 3.6-8)。分析原因，主要是由于在整个长江源区的空间尺度上，从西向东距离东南季风的控制区域越来越近，植物赖以生存的水热条件不断改善。

纬度与植物生物多样性指数具有显著的负相关性，且生物多样性指数随着纬度值的增加呈逐渐递减趋势，表明长江源区从南向北植物多样性呈现逐渐下降的变化特点(图 3.6-9)。这一结论主要是由于随着纬度增加，依次按照当曲、沱沱河、楚玛尔河的顺序，热量条件越来越差；海拔与植物生物多样性分布格局具有显著的负相关性，且生物多样性指数随着海拔的升高呈现逐渐递减趋势，表明在这一区域，随着海拔的上升，植物生物多样性整体呈现下降的趋势（图 3.6-10）。这主要是由于长江源区海拔高，靠近植物生长的上限，随着海拔的升高，生境条件越来越差，导致植物多样性下降。

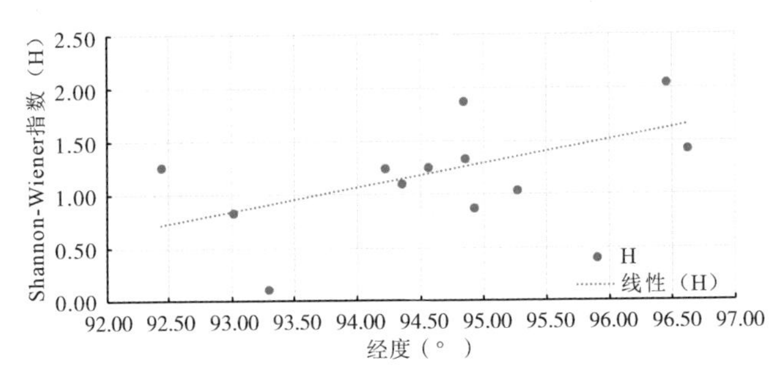

图 3.6-8 经度与植物生物多样性分布关系

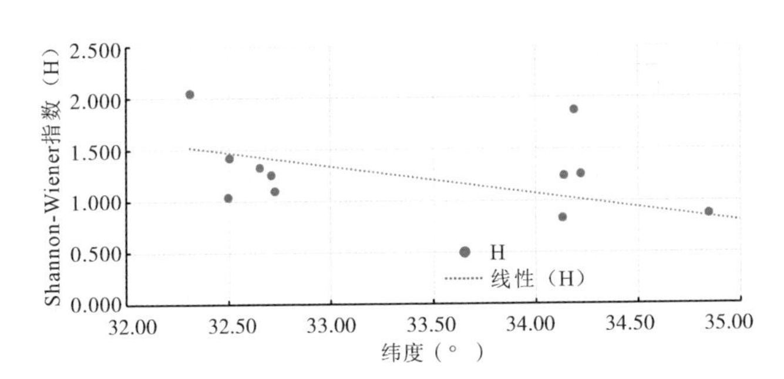

图 3.6-9 纬度与植物生物多样性分布关系

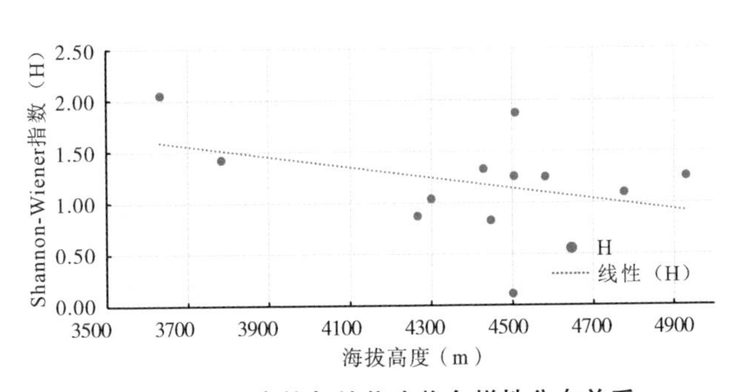

图 3.6-10 海拔与植物生物多样性分布关系

(2)植被生产力空间分布规律

植被生产力不仅反映草地生态系统的生产能力,也是评估草地生态系统结构的重要指标之一。对于草地生态系统的研究而言,常用地上生物量研究草地植被生态系统的生产能力。基于 2019 年长江源区的草地生产力调查数据,选取地上生物量作为主要指标,分析了植被生产力与经度、纬度和海拔之间的关系。

分析结果表明,植被生产力与植物生物多样性有较为一致的宏观分布格局,表现为植被地上生物量与经度变化呈正相关性(图 3.6-11),而与纬度和海拔呈现负相关性(图 3.6-12、图 3.6-13)。

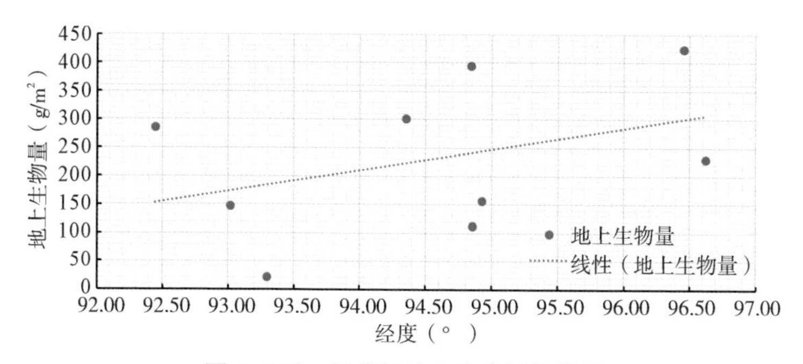

图 3.6-11　经度与地上生物量的关系

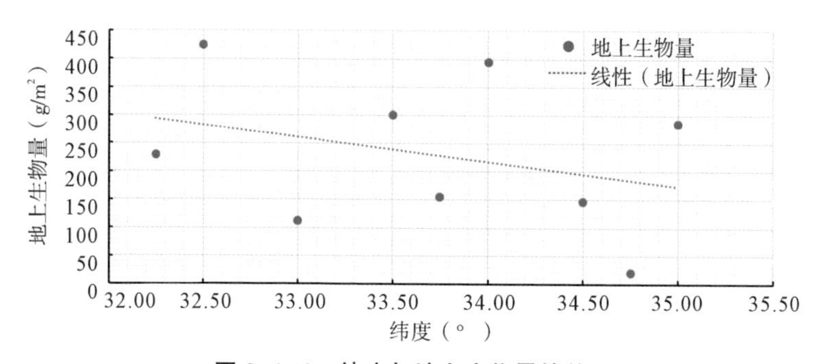

图 3.6-12　纬度与地上生物量的关系

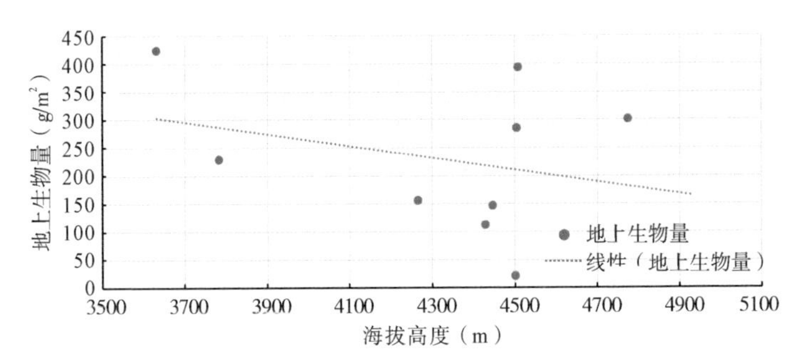

图 3.6-13　海拔与地上生物量的关系

从图 3.6-11 至图 3.6-13 可以看出，在长江源区从西向东植被生产力逐渐增加，从南到北植被生产力逐渐降低，从低海拔到高海拔植被生产力也是逐渐降低。分析原因，这与长江源区从东到西水分条件逐渐变差、从南到北热量条件逐渐变差的格局密切相关，此外，随着海拔高度的上升，植被生长的水热条件逐渐变差，也是随着海拔的上升，植被生产力下降的重要原因。

3.6.3　长江南源典型区生态退化对植被生态系统的影响

高寒草甸、高原湿地等植被生态系统的退化是长江源区所面临的重要问题之一。针对这一问题，在 2019 年的现场调查过程中，对典型区的植被生态退化，按照健康草甸、轻度退化、中度退化和严重退化 4 个等级开展了调查，基于调查数据，分析了生态退化过程中的植被生态系统结构与功能变化。结果表明：

1)植被总盖度与退化等级表现为负相关关系，随着植被退化等级的升高，植被总盖度逐渐下降(图 3.6-14)。从调查数据来看，健康的高寒草甸生态系统，植被总盖度大于 90%，调查点为 98%。而当发生轻度退化时，植被总盖度下降到 65%，下降比例为 33.67%；当中度退化时，植被总盖度下降到 40%，下降比例为 38.46%；当严重退化时，植被总盖度下降到 18%，下降比例为 55%。这能够解释为何人们能够直观地感受到草甸生态系统的退化,即高寒草甸生态系统的退化过程,伴随着植被覆盖度的迅速下降,从而使地表受到保护的能力也在下降,随着生态调节能力下降,水土流失风险加大。

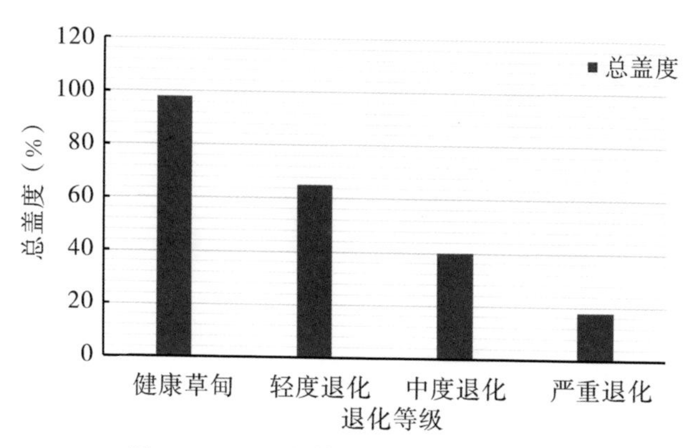

图 3.6-14　退化等级与植被总盖度关系

2)植被地上生物量和物种丰富度随生态系统的退化,具有一致的变化规律,表现为先减少后增加又减少的一个变化特点(图 3.6-15、图 3.6-16)。分析原因主要有:第一阶段的减少,主要是原生境中优势物种的密度下降所致,表现为初步退化过程中高原嵩草(*Kobresia pusilla* N. A. Ivanova)、高山嵩草(*Kobresia pygmaea* (C. B. Clarke)C. B. Clarke)等密度的迅速下降;第一阶段的增加,可以用中度干扰假说进行解释,即在中度干扰状况下,生物多样性有所增加。这主要是,在中度干扰的状况下,出现健康草甸和干扰草甸之间的边缘效应,生境异质性更强,为植物的生长提供了更加丰富的生态位,有利于不同植物的生长。这个阶段,生物多样性的增加促使了植被地上生物量的提高;第二阶段的减少,主要是生境质量的持续下降,导致生物多样性和植株密度下降。

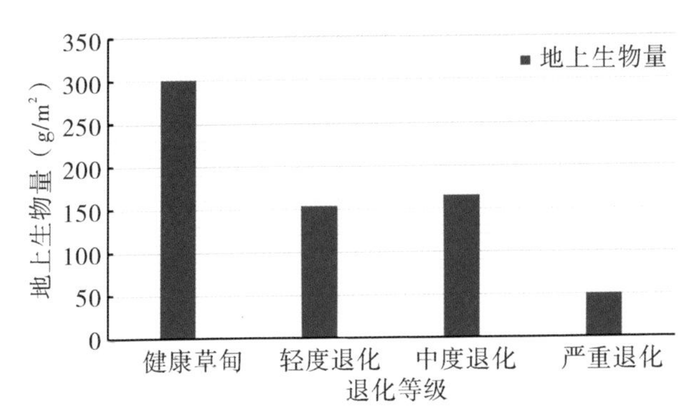

图 3.6-15　退化等级与地上生物量关系

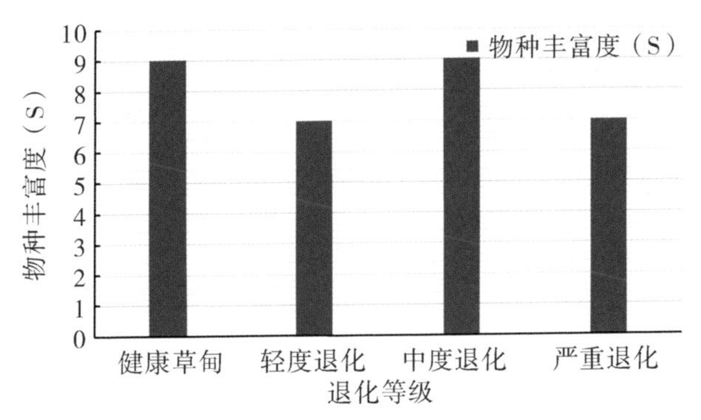

图 3.6-16　退化等级与物种丰富度关系

3)生物多样性指数和均匀度指数随高寒草甸生态系统的退化,具有单峰型变化的特点(图 3.6-17、图 3.6-18)。主要表现为:随退化等级的提高,Shannon-Wiener 多样性指数和 E. Pielou 均匀度指数先增加后减少。这一结论仍然与中度干扰假说相一致,即中等程度的干扰会促进生态位的分化,容易产生较高的物种多样性。结合调查点的实际,在无干扰的情况下,少数适宜性强的物种,如高原嵩草(*Kobresia pusilla* N. A. Ivanova)、高山嵩草(*Kobresia pygmaea*(C. B. Clarke)C. B. Clarke)等在群落中占据完全优势;而当干扰极为严重时,只有那些耐贫瘠、生长速度快、侵占能力特强的独一味(*Lamiophlomis rotata* Benth. Kudo)、绿绒蒿(*Meconopsis*)等物种才能生存下来;只有当干扰程度适中时,生态位分化最为明显，生境异质性最强，为更多的物种存活提供了可能。

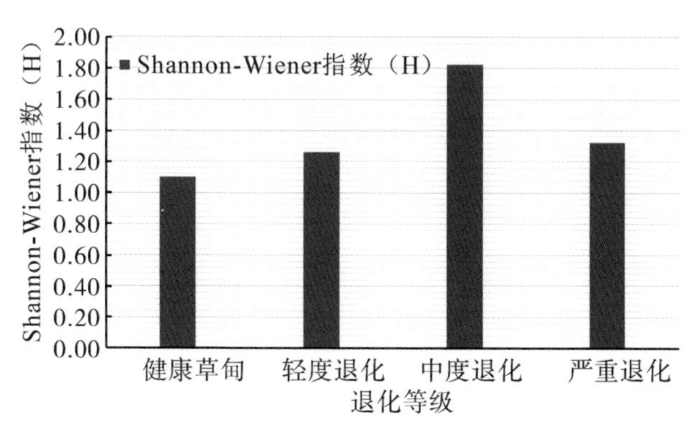

图 3.6-17 退化等级与生物多样性指数关系

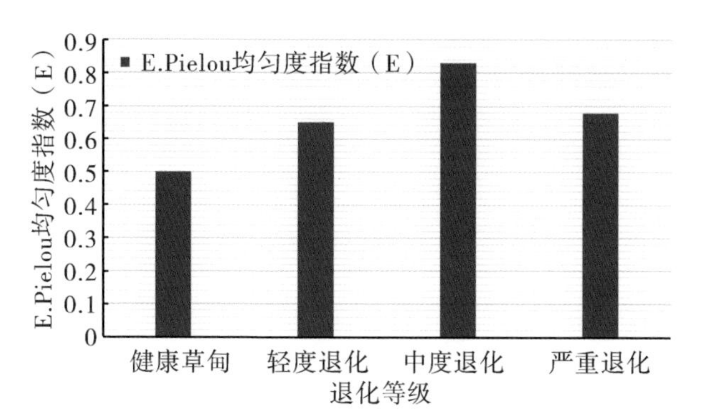

图 3.6-18 退化等级与均匀度指数关系

3.6.4 小结与讨论

(1)基础薄弱且研究资料缺乏

从调查来看，尽管诸多的前辈们已在这个地区开展了众多的研究工作，积累了一些成果，但是相比较而言，受特殊的地理位置、地势和气候条件等的限制，该区域尚属于植被生态相关资料的匮乏区。另外，科学研究工作难度大，高人力物力投入，使得这一区域植被生态相关基础研究相对落后，也缺乏高效、现代化的科学观测站点。

(2)植被生态保护相关科学问题研究不够透彻

尽管长江源区目前拥有“三江源草原草甸湿地生态功能区”等国家级重点生态功能保护区，有我国最大的自然保护区和海拔最高的天然湿地，是我国最主要的水源地和全国生态安全的重要屏障；另外，也在实施“三江源国家公园试点工程”和“三江源生态保护和建设工程”等国家重点工程，但是目前仍存在一些突出问题，主要是植被生态保护相关研究还不够透彻，特别是涉及区域“人—草—牧”协同发展模式、人工草场建设的生态环境影响评价和草地生态系统保护措施及效果评估等方面都还不够透彻，有关植物多样性、植被生态功能和植被退化机理等相关科学问题研究相对比较薄弱。

3.7 水土保持

在2019的科学考察中，分别于长江北源的楚玛尔河、正源的沱沱河、南源的当曲，以及孟宗沟小流域等不同区域和坡面位置进行水土流失现状和水土保持措施调查。同时，选取了17个典型样地，进行原位观测不同深度(0～30cm)土壤温度、抗剪强度和地表植被盖度等，并取样用于室内测试分析土壤机械组成、容重、含水量、团聚体、有机质、氮磷、脂肪酸、酶活性、同位素碳氮等21个理化性质指标，共计1071组数据。从坡面和区域尺度对长江源土壤侵蚀风险等进行分析与评价。

3.7.1 水土流失现状

长江源区地处青藏高原腹地，生态系统结构复杂，功能脆弱，独特的自然条件，加上不合理的人类社会活动，特别是草原过度放牧、乱采滥挖等，导致经济社会发展与生态环境之间的矛盾突出。

生态环境存在着草场退化与沙化严重、草原鼠害猖獗、水源涵养能力下降、生物多样性下降等问题。其中,水土流失是生态环境问题的集中体现,是生态环境面临的主要问题之一(冯明汉,2018)。

长江源区土壤侵蚀类型以冻融侵蚀、风力侵蚀为主,兼有水蚀。根据1985年全国第一次水土流失遥感调查,长江源区水土流失面积占总面积的67.02%,其中,轻度侵蚀占38%,中度侵蚀占21%,强烈侵蚀占40%,极强烈侵蚀占1%(王海宁等,1995)。水利部2000年土壤侵蚀遥感调查显示,长江源区水土流失面积占总面积比例,由80年代中期的67.02%减少到了30.83%,土壤侵蚀强度降低(张平仓等,2011)。在2005年全国水土流失与生态安全考察成果中,长江源区水土流失面积比例为37%(崔鹏等,2010)。根据第一次全国水利普查(2011年)公布数据,长江源区水土流失面积比例为44.51%,其中轻度、中度、强烈、极强烈和剧烈侵蚀面积分别占水土流失面积的53.27%、20.70%、19.93%、5.35%和0.75%,冻融、风力和水力侵蚀面积分别占水土流失总面积的63.71%、32.39%和3.90%(图3.7-1)。与全国第一次水土流失遥感调查结果相比,轻度侵蚀面积所占比例有所增加,而强烈侵蚀面积比例减小了50%,冻融侵蚀面积变化不大,水力侵蚀和风力侵蚀面积占总面积的比例有所增加(冯明汉,2018)。2015年完成的青海省第三次土壤侵蚀遥感调查资料表明,长江源区轻度以上水土流失面积比例已经减少为28.81%(徐平等,2018)。

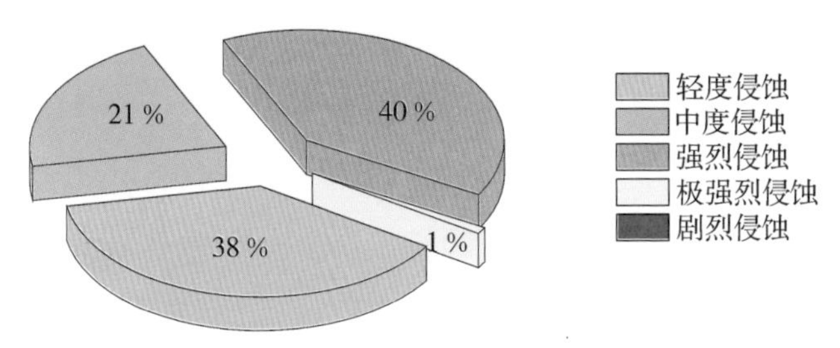

(a)全国第一次水土流失遥感调查(1985年)

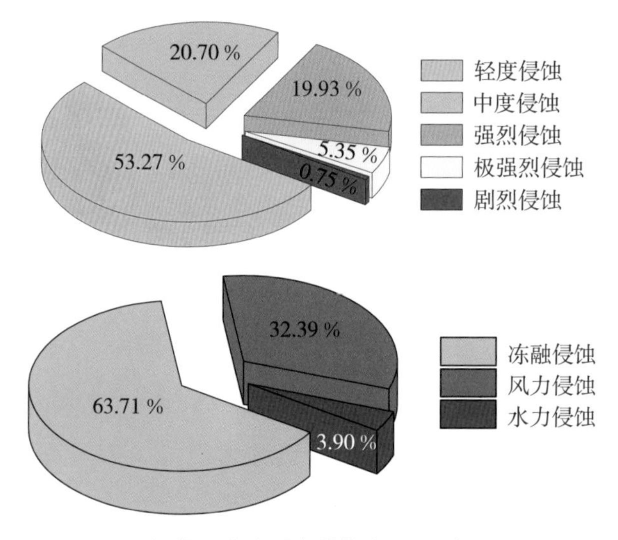

(b)第一次全国水利普查(2011 年)

图 3.7-1　不同侵蚀强度及类型面积占水土流失面积的比例

总体来说,长江源区水土流失程度的时空变化特征与气候变化、人类活动、生态保护等因素密切相关。近 50 年来长江源区年平均气温从 20 世纪 60 年代开始缓慢上升,近 10 年来气温上升较快,平均气温比 20 世纪 60 年代升高 1.42℃。随着全球气候日趋变暖,三江源地区冻土层冻结日期推迟,而融化日期则总体提前。这一趋势对地表环境产生重大影响:冻土融化深度增加,水分向土层深部迁移,表层植被生存环境发生改变。同时,近年来长江源区冰川面积总体处于退缩状态,2009 年冰川总面积在 1977 年基础上缩减了 126.33 km^2,总面积减少了 11.8%(蒋冲等,2017)。因此,近几十年来,长江源区冻土环境与植被退化、冻融侵蚀和土地荒漠化等生态环境问题最为明显。从 20 世纪 80 年代中后期开始,国家在长江上中游地区推动实施了“长治”工程,历时十余年,长江源区水土流失面积明显减少,在此期间长江源区水土流失防治工作也取得显著成效。从 20 世纪 90 年代至 21 世纪初期植被生态发展趋势变化不大,但近 50%地区出现轻微退化趋势,局部地区退化趋势较严重，主要分布于楚玛尔河的下游区域、通天河支流科欠曲流域及莫曲的上游区域，因此源区水土流失面积有所增加。21 世纪初期，三江源的生态保护与可持续发展问题在国家高度重视下，继 2003 年设立三江源国家级自然保护区之后，2005 年国务院批准并开始实施了《青海三江源自然保护区生态保护和建设总体规划》。三江源生态建设工程实施以来，草地持续退化趋势得到初步遏制，植被覆盖度明显提升，土地沙漠化趋势得到有效遏制，水源涵养能力增强等，因此近年来水土流失面积显著降低。

综上分析，与历史上水土流失最严重的 20 世纪 80 年代相比，近些年来长江源区的水土流失面积整体上呈减少趋势。但是，结合 2019 年的长江源区水土流失调查来看，气候变化对这一区域的影响比较复杂，另外，随着源区人类活动范围的扩大，特别是在城乡建设、过度放牧和无序旅游等扰动下，局地的水土流失仍然面临较大的风险。本次科学考察发现，水土流失程度与植被覆盖度变化表现出一定的空间一致性。具体表现为：当曲沿线植被以草地为主，水土流失程度低，沱沱河沿线草地、灌木等植被相对当曲较为稀疏，水土流失次之，而楚玛尔河沿线基本无灌木覆盖，且草本植物稀疏，沙化严重，水土流失最为严重。总体上，水土流失程度表现为北源（楚玛尔河）＞正源（沱沱河）＞南源（当曲）的空间分布特点（图 3.7-2）。

(a)当曲采样点及现状

(b)沱沱河采样点及现状

(c)楚玛尔河采样点及现状

图 3.7-2　长江源不同源区采样点现状

3.7.2　水土流失特点及危害

长江源区的水土流失类型多样，主要存在水力、风力、冻融三大侵蚀类型，局部伴有少量的滑坡与泥石流，各侵蚀类型交错出现、相互作用。源区特有的高寒条件，使冻融与风力侵蚀在源区广泛分布，特别是冻融侵蚀面积大、分布广。2011 年第一次全国水利普查显示，冻融侵蚀面积占总侵蚀面积的 63.71%。由于自然条件恶劣，生态环境敏感、脆弱，一旦破坏造成水土流失，恢复和治理的难度极大，有些还具有明显的不可逆转性。水土流失造成的危害主要表现在以下几个方面：

(1)草场退化形势严峻

水土流失加速草场退化、沙化，使草场载畜量严重下降。长江源头区退化、沙化草地每年还以 2.2%的速率发展，草场退化后，生产力急剧下降，草场上的立地条件趋向干旱，毒杂草比例上升，鼠害猖獗，“黑土滩”面积逐年增加。据调查，玉树州 1998 年退化草场面积占全州可利用草场的 29.7%，比 80 年代增加了近 10 个百分点。由于草场大面积沙化，给当地畜牧业生产造成严重影响。

(2)水源涵养能力减退

草场的退化、沙化，加之全球气候变暖及人类活动等影响，源区植被与湿地生态系统被破坏。本次调查发现，冰川呈不同程度退缩，江源区大面积沼泽失水而枯竭，草甸被揭开，出露下部的沙石，局部湿地严重退化，泥炭地干燥并裸露。江源湖泊广布，众多湖泊出现面积缩小、湖水咸化、内流化和盐碱化现象。沼泽、湿地逐渐失去涵养水分和调节气候的能力，成为荒漠，沱沱河、尕尔曲沿岸最为明显，目前这种现象仍在发展中。

(3)引发山洪、泥石流等自然灾害，影响人居安全

在长江源水力侵蚀区山洪、泥石流沟道分布较多，冻融侵蚀区往往伴随崩塌、泻溜现象。玉树州所在地巴塘河(长江一级支流)因上游及支沟泥石流的频繁发生，使巴塘河成为威胁本地生产生活的隐患，形成了泥沙淤积，河床抬高，两岸的防洪堤也不断加高的被动局面。即使这样，也无法完全避免山洪和泥石流对城镇的威胁。

(4)土地荒漠化风险加大

根据 2019 年 8 月的科学考察，发现局部地区生态退化形势严峻，如楚玛尔河、沱沱河流域，甚至出现严重的沙化迹象。如果植被干扰、土地退化等形势不能得以及时扭转，长江源区水土流失强度将进一步增加，土地荒漠化程度加剧(图 3.7-3)，当地人类和动植物的生存环境也将恶化，局部地区甚至有变成戈壁滩的风险。

(a)当曲典型退化点

(b)楚玛尔河典型退化点

图 3.7-3 长江源土地荒漠化

3.7.3 水土保持成效

受气候与人类活动的共同影响，三江源地区生态系统持续退化，进入 21 世纪后，国家和有关部门对源区的生态环境保护与水土流失防治高度重视。2003 年 1 月，国务院正式批准三江源自然保护区晋升为国家级自然保护区。《青海三江源自然保护区生态保护和建设总体规划》经 2005 年国务院第 79 次常务会议批准实施，2013 年国务院审议通过了《青海三江源生态保护和建设二期工程规划》，建设内容包括生态保护与建设、农牧民生产生活基础设施建设和生态保护支撑三大类。

三江源生态保护工程建设以来，实施了退牧退耕还草、鼠害防治、草地围栏、人工草地建设和天然草地改良、沙漠化防治、黑土滩治理、封山育林等生态保护和建设项目，开展了大量的宣传教育、生态补偿试点、生态监测和评估工作。三江源自然保护区面积达 15.23 万 km^2，占三江源地区总面积的 42%。其中，长江源区列入三江源自然保护区的面积达 9.4 万 km^2，占三江源自然保护区面积的 61.72%(冯明汉，2018)。长江源生态保护和建设一期工程完成水土保持情况如下：①退牧退耕还林还草。主要建设内容有围栏、粮食补助、种苗补助、生活补助、粮食补助，累计完成退牧还草 485

万 hm^2，退耕还林(草)0.37 万 hm^2。②水土流失治理。综合治理水土流失面积 492.64km^2。分别在玉树、杂多、称多、治多等县，通过封育、围栏、谷坊建设、浆石护岸墙等措施治理水土流失。③生态恶化土地治理(封山育林、沙漠化治理、黑土滩治理、湿地封育)49.68 万 hm^2。主要建设内容有封沙育草、补播、补种、围栏、管护等，已累计完成 365.1 万亩。

长江源区涉及的 6 县(市)成立了地方水土保持监督管理机构，开展了生产建设项目人为水土流失调查和水土保持监督检查，建立了玉树巴塘、称多清水河、曲麻莱和格尔木沱沱河 4 处退牧还草恢复植被试验示范区，实施了小流域综合治理工程，完成治理面积 58.5 km^2，生态修复面积 1.72 万 km^2(冯明汉，2018)。据长江源区生态修复工程监测资料，经过 3～5 年封禁，草地覆盖度由 20%～30% 提高到 50% ～60%，单位面积产草量及可食性产品分别增加 30%和 15%，土壤涵养水源能力提高，水土流失减轻。长江源区生态保护和建设工程有效遏制了保护区生态环境恶化，水体与湿地生态系统整体有所恢复，草地持续退化趋势得到初步遏制，但现在还没有获得根本性扭转，生态保护与建设工程的实施虽然减轻了原有水土流失强度，但要达到无明显流失强度还需要一个长期缓慢的过程，水土流失防治是一项长期而艰巨的任务。

3.7.4 土壤侵蚀风险分析

依据国际制土壤质地分类标准，对长江源区 2019 年典型调查点土壤分类结果表明，南源和正源土壤属于壤土，黏粒、粉粒及沙粒含量无显著差异，而北源土壤为砂土(图 3.7-4)。

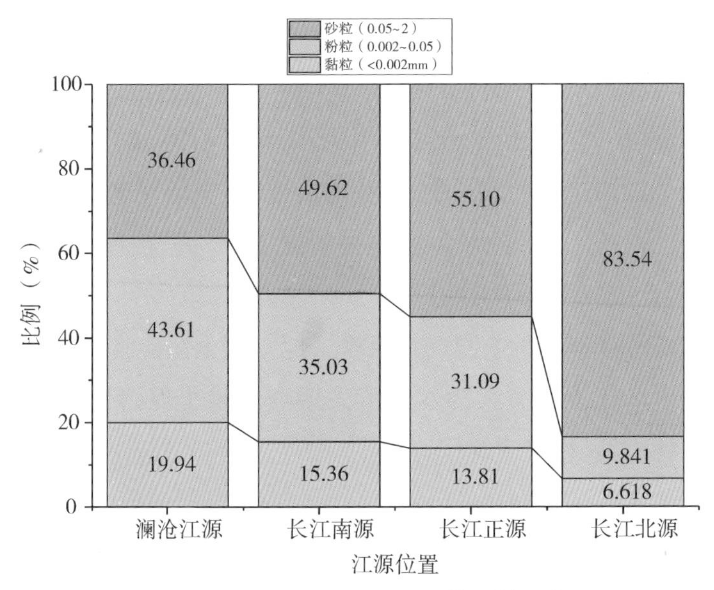

图 3.7-4　长江源不同区域土壤机械组成

北源土壤中沙粒含量明显高于南源和正源，分别是南源和正源的 1.52、1.68 倍，土壤可蚀性明显大于南源和正源。而在土壤肥力方面，南源硝态氮、铵态氮和总磷（TP）的含量明显大于正源，并远大于北源，其中，南源硝态氮含量是北源的 17.48 倍（图 3.7-5），北源土壤贫瘠程度远大于南源和正源。

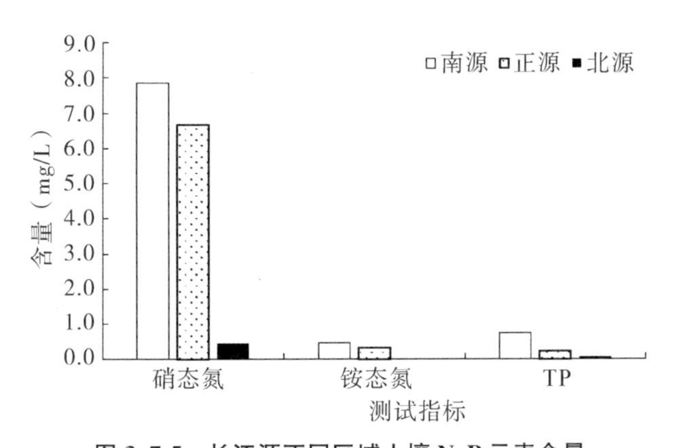

图 3.7-5　长江源不同区域土壤 N、P 元素含量

土壤团聚体是土壤的重要组成部分，其组成及稳定性是土壤可蚀性的重要评价指标。通过对长江源区不同区域土壤≥0.25 mm 水稳性团聚体含量分析发现，南源和正源土壤团聚体含量无明显差异，且均大于北源土壤，是北源土壤团聚体含量的 2.63～2.87 倍(图 3.7-6)。通过分析团聚体含量与纬度之间关系发现，在长江源区，土壤团聚体含量随纬度增加呈线性减小趋势(图 3.7-7)。

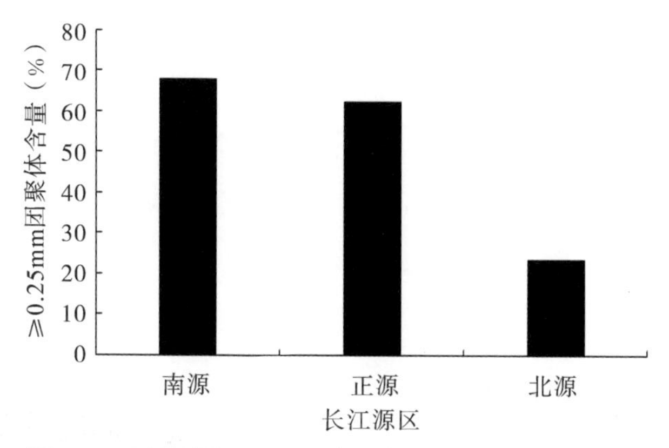

图 3.7-6　长江源区不同区域土壤≥0.25mm 团聚体含量

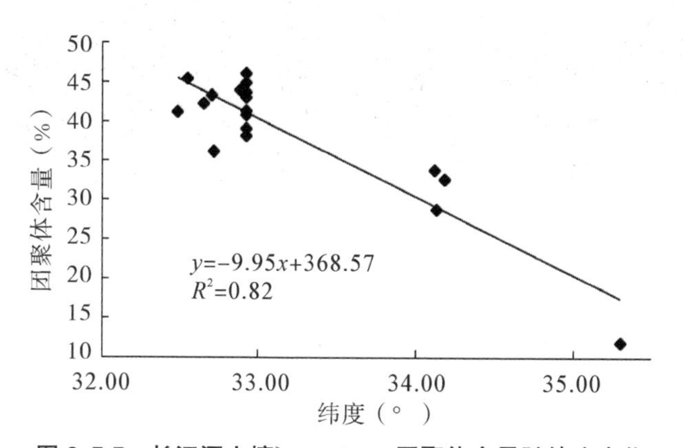

图 3.7-7　长江源土壤≥0.25mm 团聚体含量随纬度变化

北源土壤可蚀性明显大于正源和南源，再加上草地覆盖稀疏，导致该区水土流失和风蚀沙化程度严重。分析表明，不同区域气候及冻土环境变化等，是长江源区水土流失的主要原因。结合本次考察分析，整体而言，长江北源是水土流失风险最大的区域。

3.7.5 小结与讨论

(1)水土流失防治形势严峻

长江源区水土流失类型多样，以冻融侵蚀、风力侵蚀为主，兼有水蚀，各侵蚀类型频繁的交错出现、相互作用，复合侵蚀强烈。近年来，长江源区水土流失面积整体呈现下降趋势，但是局部水土流失风险仍然较大。结合本次调查发现，新出现的生态环境问题主要包括冻土环境退化、植被退化、冻融侵蚀和土地荒漠化等。在解冻消融期，冻融侵蚀强烈，易形成暂时性洪流，威胁下游的泥沙输移和生态环境。因此，长江源区水土流失防治形势依然很严峻(图3.7-8)。

(a)长江源区草场放牧

(b)长江源区水土流失

图3.7-8 水土流失问题

(2)植被生态退化严重

在全球气候变化的背景下，随着局地温度的升高，高原上的多年冻土出现消融，植物赖以生存的环境受到了严重的威胁。长江南源当曲、正源沱沱河和北源楚玛尔河普遍可以看到多年冻土层受到破坏的情况。对长江南源当曲典型点的调查发现，多年冻土层消融引起植被生长环境恶化，植被覆盖度显著下降，土壤层很快被侵蚀殆尽，易发展成为沙地，这已经成为当地的一种重要危害。除此之外，随着长江源区人类活动范围的扩大，放牧、挖虫草和开发建设扰动等活动也对植被生态系统有着直接的影响。"人草牧"矛盾仍然突出，超载放牧和滥挖药材仍然比较普遍(图3.7-9)。

(a)南源当曲植被退化

(b)正源沱沱河土地沙化

图3.7-9　植被生态问题

(3)水土流失治理难度大

长江源区自然条件恶劣，生态环境敏感、脆弱，土层浅薄，成土过程缓慢，一旦产生水土流失，恢复和治理的难度极大。江源生态保护和建设工程实施以来，生态系统整体有所恢复，草地持续退化趋势得到全面遏制，增草效果显现，长江源草地已朝着良性态势发展，但要显著遏制局部地区水土流失的增加和发展还需要一个长期缓慢的过程，水土流失防治是一项复杂而艰巨的任务。

3.8　地下水环境

3.8.1　地下水循环模式

在区域上，长江源区地下水循环主要受地质构造控制。长江源区发育北西—北西西向断裂，在地势的作用下导致深层地下水流由西向东，与地表水流向基本上一致，如图3.8-1所示。

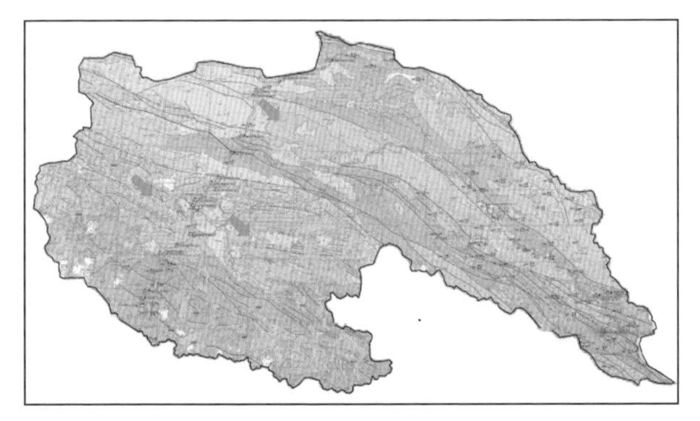

图 3.8-1 区域构造对长江源区地下水系统的影响

在小尺度上,地下水循环受地形地貌与冻土层控制。在地形起伏相对较大的丘陵地区,其水循环模式主要为:降雨入渗土壤层(一般厚度不超过 1.0m);一部分增加土壤层含水量,维持植被生长及蒸发蒸腾作用,另一部分以壤中流的形式,在地形控制作用下汇聚于地势相对较低的冲沟,形成地表径流,进一步汇聚至地势最低的山间沟槽,形成溪流,为地表水与地下水的主要补给源。另外,部分降雨将入渗至土壤层底部的强风化层与基岩,由于基岩的弱透水性,在地势的控制作用下入渗的部分降雨将沿基岩面向冲沟排泄(图 3.8-2)。

(a)

(b)

图 3.8-2 长江源典型区水循环模式

在地势起伏相对较小的湿地,地形起伏一般不超过 5.0m,地表水与地下水水力联系较紧密，但相互作用相对较弱(图3.8-3)。在雨季，河水位相对较高，地表水补给地下水；而在旱季，地下水补给地表水，维持地表水系不断流。地下水在维持水生态方面具有重要的调节作用。

图3.8-3　查旦湿地

土壤层在地下水循环与转换过程中具有重要作用。本次考察对长江源典型地貌的土壤含水量进行了系统测试。其结果表明，土壤含水量与土壤质地、斜坡角度、植被发育程度以及鼠兔活动等有关。

在长江源区，与低海拔地区地下水循环规律的本质差异在于冻土层对地下水循环的影响。冻土层分为多年冻土层和季节性冻土层两种，其中长江源区大部分处于多年冻土区。多年冻土层根据其分布形式又可分为连续多年冻土区和岛状多年冻土区，其水文地质条件相差较大(程国栋等，2013)。冻土层为一弱透水层，相当于隔水层，对降雨入渗、地表水与地下水垂向循环影响显著。

在长江源多年冻土区，从上至下可划分为活动层(冬天冻结、夏天融化的岩土层)、多年冻土层以及未冻土层。活动层厚度一般为1～3m，多年冻土层厚度主要为25～45m(赵林等，2018)。在夏天，活动层融化，形成潜水层，接受降雨入渗补给与蒸发。水位埋深浅，蒸发作用强烈，从而导致浅层地下水矿化度较高。由于多年冻土层的阻隔作用，浅层地下水难以与深层地下水进行交换。在冬天，由于活动层全部被冻结，降雪堆积地表。在降雪融化时，活动层尚未融化，融化雪水转化地表径流进入地表水或地表低洼区，参与蒸发过程。与浅层地表水相比，深层地下水主要受区域地下水径流补给，同时在地热温泉通道形成融区，接受大气降雨补给，也通过泉水的形式进行排泄。

岛状多年冻土区域，主要分布于长江源东部区域的高山中—上部或低洼沟谷湿地，面积相对较小，厚度薄，连续性差，多年冻土与常年冻土同时存在。此分布特征，使得多年冻土区域与临区非多年冻土区域地下水交换作用强烈，浅层与深层地下水相互作用频繁，含水层较厚，地下水资源丰富，水质相对较好。

3.8.2 地下水动态及资源量

由于长江源区人口稀少，工农业不发达，地下水开发利用量相对较少，因此该区域地下水动态主要受天然降雨控制。图 3.8-4 为沱沱河水文站 1985—2016 年浅层地下水动态曲线（数据来源于青海省沱沱河水文站）。冬天监测井底冰冻，因此，地下水监测数据为夏测数据，即测量时间为 4—10 月。

从图 3.8-4 可知，4—5 月，地下水位埋深逐渐增加，降雨量较小，地下水补给地表水；6—8 月，地下水位埋深逐渐减小，降雨量集中，地表水补给地下水；9 月至次年 5 月，地下水位埋深逐渐增加，地下水补给地表水。地下水位变幅较小，除了 1985 年、1988 年和 2003 年地下水位变幅超过 1.0m 外，其他年份地下水位均低于 1.0m，大部分集中在 0.3～0.6m，表明沱沱河保护区浅层地下水动态相对稳定。

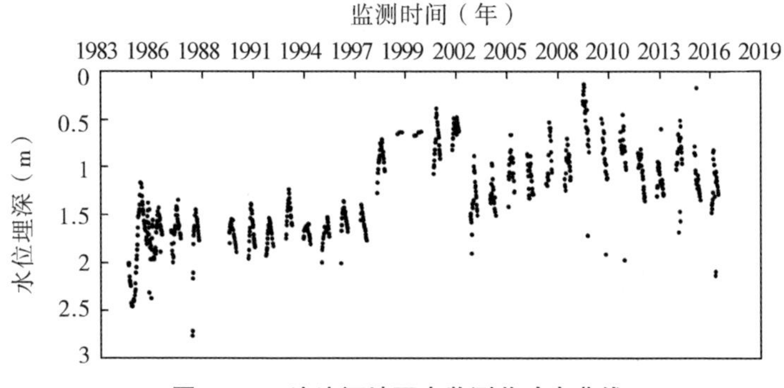

图 3.8-4　沱沱河地下水监测井动态曲线

根据直门达水文站实测流量资料，采用河流基流分割法计算地下水资源量为 56 亿 m^3。根据沱沱河水文站与楚玛尔河巡测站实测流量资料，计算的地下水资源量分别为 2.46 亿 m^3 和 1.07 亿 m^3（青海省水文水资源勘测局，2015）。此部分水资源量仅为排泄至河流的地下水资源量，而长江源区大部分地下水主要分布于含水层与冻土层，其储存总量远大于排泄至河流的基流量。据文献，青藏地区冻土储存水资源总量高达 95280 亿 m^3（程国栋等，2013）。

3.8.3　地下水开发利用现状

长江源区地下水开发利用程度极低，无工业取水。目前，取水的方式主要以人力井和少部分机井为主，用于居民生活用水。由于长江源区城镇沿河谷而建设，使得地下水井呈分散性分布。目前，玉树州有日开采量小于 $20m^3/d$ 的人力井与机井约 2600 眼，供水人口约 6.3 万，年开采量约 120 万 m^3，与该地区地下水总资源量相比可以忽略不计（青海省水文水资源勘测局，2015）。

根据本次考察，发现长江源区地下水开采具有以下几个特点：①分散性。地下水凿井主要是以当地居民城镇发展为需求，分散性建造，分布于居民建筑附近。②无序性。目前，长江源区地下水井建设基本上是个人行为，政府无规划，也没有配套的管理措施，存在较大的隐患。③单井开采量小。由于地下水井基本上是解决居民生活用水，日开采量不大，对地下水动态影响小。④地下水取水主要以浅层地下水井为主，且距离地表河流较近，易受其影响。⑤采样点的地下水水质主要为Ⅱ～Ⅲ类，局部为Ⅳ类水，明显差于地表水水质（青海省黄南、果洛、玉树藏族自治州水资源调查评价及水资源配置报告中有阐述。总体来说，地下水的矿化度相对较高）。

3.8.4 城镇建设影响地下水环境

长江源区特有的地形地貌与气候条件，只有地势相对平缓的河间地带较宜适合人类居住，从而导致长江源区的城镇大部分沿河而建，且主要分布于河谷阶地（图 3.8-5）。河谷阶地覆盖层薄，甚至强透水砾石层直接裸露，且地下水位埋深小（2～3m）。建筑与生活垃圾处理不规范，在降雨的淋滤作用下会导致地表污染物经砾石层快速渗入地下含水层，对地下水环境造成污染。

（a）玉树市

（b）治多县

图 3.8-5　城镇沿河谷建设

3.8.5 小结与讨论

（1）长江源区地下水资源丰富，开发利用程度极低

地下水开发主要用于人畜饮水，零星分布于城镇，存在分散性

和无序性开采等问题，缺乏科学管理。城镇沿河而建，人类活动对地下水环境具有一定的影响。

(2)长江源区地下水环境监测体系缺乏，饮用水水源地保护欠缺

建议加强长江源区特别是城镇居住区地下水水位与水质动态监测体系，系统掌握长江源区地下水环境，为保护长江源区地下水环境提供管理依据；针对居民集中区域，建立地下水饮用水水源地，并实施严格管控。

3.9　生态环境遥感监测

结合长江科学院历年科学考察成果，充分利用多源历史遥感数据，提取了长江源区湖泊、冰川、植被等重要生态环境要素长时间序列空间分布信息，尝试从宏观角度揭示长江源区生态环境时空变化规律，通过分析其内在演变机制对长江源区生态环境要素变化基本情况进行全面体检，以科学事实和坚实数据为依据，阐释长江源区湖泊、冰川、植被生态环境要素对气候变化及人类活动的响应机制，为探索长江源区河流泥沙、水文情势、生态系统、水土流失等变化规律提供借鉴。

3.9.1　长江源区湖泊面积变化遥感监测

根据《中国湖泊志》，长江源区面积大于 10km² 的湖泊共 15 个，水体面积从大到小依次为：多尔改错、错达日玛、雀莫错、特拉什湖、玛章错钦、尼日阿错改、葫芦湖、苟仁错、坎巴卡东错、雅兴错、移山湖、豌豆湖、宰日子下湖、日九错、错江钦（王苏民等，1998），其空间分布情况见附图 2。利用 1990—2013 年美国陆地卫星 Landsat 5 TM 遥感影像和 2013 年至今的美国陆地卫星 Landsat 8 OLI 遥感影像，采用归一化水指数(Normalized Difference Water Index，NDWI)水体信息提取算法，开展了 NDWI 指数波段计算和

遥感监督分类处理，获取了长江源区 15 个重要的湖泊面积总和在夏季和冬季的变化规律(图 3.9-1)。近几十年来湖泊面积变化显著，1995 年湖泊面积缩减最为显著，但 1995—2019 年湖泊面积在夏季和冬季均一直呈增加趋势。

长江源区夏季和冬季湖泊水位测量现场如图 3.9-2 所示。

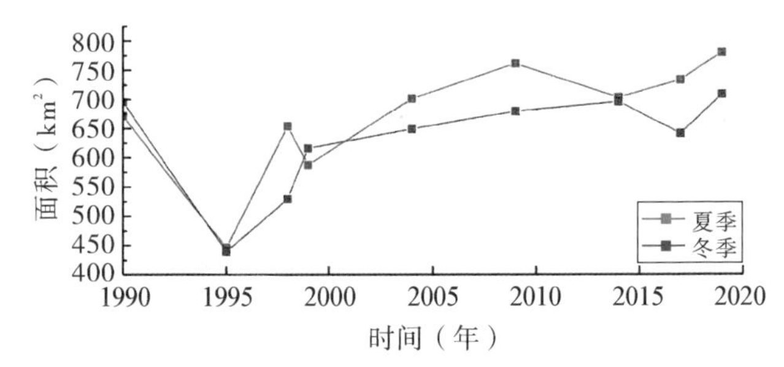

图 3.9-1　长江源区大于 $10km^2$ 的湖泊面积总和(1990—2019 年)

图 3.9-2　长江源区夏季和冬季湖泊水位测量现场

为了阐述长江源区湖泊面积对气候变化的响应机制，基于遥感监测结果，重点分析面积超过 $50km^2$ 的多尔改错、错达日玛、雀莫错、特拉什湖和玛章错钦等 5 个重要湖泊面积变化规律及其演变机制。

(1)多尔改错

长江源区面积最大的湖泊是多尔改错，又名加德仁错、叶鲁苏湖，位于玉树藏族自治州治多县，在巴音山与巴音查乌马山间晚第三纪陆相断陷盆地内。滨湖除北部巴音山紧邻湖岸外，其他方位均为第四系全新统冲积—洪积平原。其中，西南部楚玛尔河入湖口形成了面积近 60km² 的三角洲平原，堤间洼地残留着诸多咸水小湖。多尔改错湖区属青南高寒草原半干旱气候，年平均气温为 −6.0～−4.0℃，年降水量 200mm 左右，集水面积 4660km²，补给系数 32.3。其湖水主要依赖于楚玛尔河补给，河流穿湖而过。20 世纪 50—70 年代中期曾一度扩大，面积增加了 44km²，但 70—90 年代又呈退缩之势(王苏民等，1998)。根据遥感影像反演结果(图 3.9-3)，1990—2000 年呈持续退缩趋势，2000—2010 年呈扩张趋势，平均面积增长率为 2%，2010—2016 年呈退缩趋势，2016—2019 年呈扩张趋势，其中 8 月多尔改错多年平均湖面面积约 200km²(图 3.9-3)。

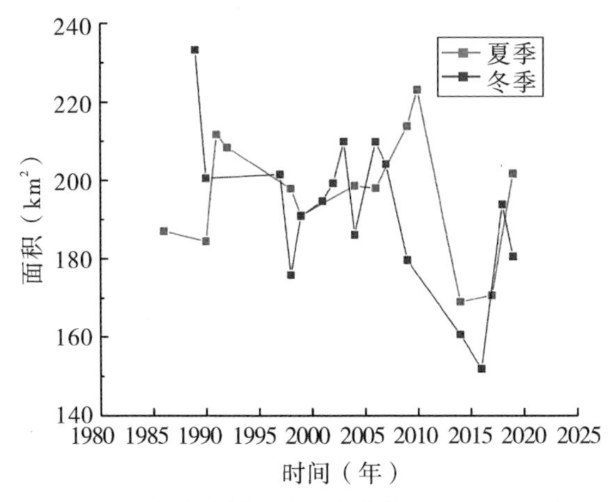

图 3.9-3　多尔改错湖泊面积变化(1990—2019 年)

(2)错达日玛

错达日玛位于玉树藏族自治州治多县，在可可西里地区晚第三纪陆相断陷盆地内。错达日玛由两部分组成，北部为主湖，椭圆形，面积约 76km²，南部为次湖，成弧条状，面积约 14km²，两湖之间由长 5km、宽 1km 的砂洲半岛相隔，并以半岛西部狭窄水道相通。错达日玛湖区属青南高寒草原半干旱气候，年平均气温－6.0～－4.0℃，年降水量 150～200mm。集水面积约 560km²，补给系数为 6.2。湖水主要依赖于地表径流补给，入湖河流除长约 22km 的错达日玛河外，还有多条小河呈向心状从北、西、南岸汇入。20 世纪 50 年代末至 70 年代中期，湖水向东部谷地扩展了近 250m，水位上升近 20m（王苏民等，1998）。

根据遥感反演结果（图 3.9-4），90 年代该湖泊面积呈退缩趋势，2000 年左右仅约 50km²，2000 年以来，该湖泊面积呈现为持续扩张趋势，2019 年该湖泊面积接近 100km²，年平均增长率超过 2%。

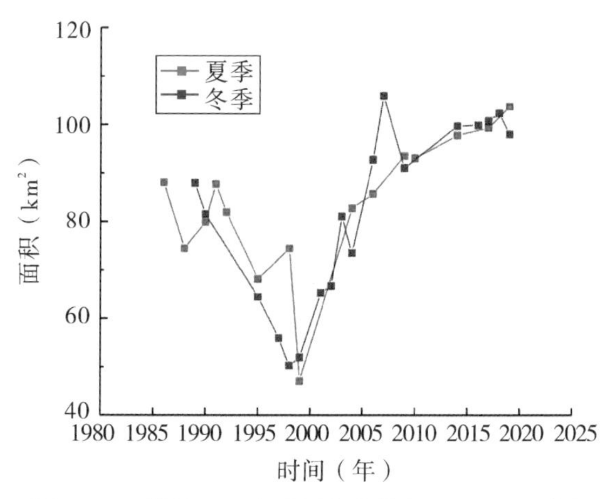

图 3.9-4　错达日玛湖泊面积变化（1990—2019 年）

（3）雀莫错

雀莫错位于格尔木市，祖尔肯乌拉山和各拉丹冬山间盆地内。长江正源沱沱河从湖盆西部自南向北流过，河湖分水岭为祖尔肯乌拉山支脉；南部与沱沱河支溪被宽 1km 岗地相隔。滨湖西部有一半岛，面积约 5km²；东南部泉眼密布，形成大片沼泽。雀莫错湖区属青南高寒草原半干旱气候，年平均气温－6.0℃左右，年降水量 200～300mm，集水面积 580km²，补给系数为 6.7。雀莫错湖水主要依赖于冰雪融水径流和泉水补给，入湖河流 5～6 条，波尔藏陇巴最大，长 30km，次为夏里陇巴、仁艾当陇等，长 15～20km，入汇冰雪融水和泉水，入湖河口有三角洲和洪积扇发育。雀莫错属微咸水（王苏民等，1998）。根据遥感反演结果（图 3.9-5），该湖泊 20 世纪 90 年代呈退缩趋势，到 2000 年左右该湖泊面积不足 80km²；2000—2019 年呈现扩张趋势，2019 年湖泊面积达到 97km²，年平均增长率为 0.98%。

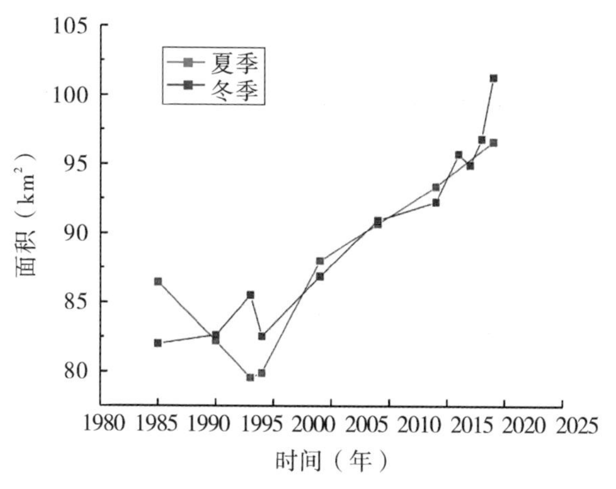

图 3.9-5　雀莫错湖泊面积变化（1990—2019 年）

(4)特拉什湖

特拉什湖又名荀鲁山克措，位于玉树藏族自治州治多县，巴音查乌马山、荀鲁重钦马山之间拗陷盆地内。滨湖西部为时令河形成的冲积—洪积平原，其上湖泊退缩残留的小湖星罗棋布。特拉什湖区属青南高寒草原半干旱气候，年平均气温－6.0～－4.0℃，年降水量 200～300mm，集水面积 720km²，补给系数为 10.8。特拉什湖水主要依赖于 4 条时令河夏季汇水入湖补给（王苏民等，1998）。根据遥感反演结果（图 3.9-6），该湖泊 20 世纪 90 年代呈退缩趋势，到2000年左右面积约为52km²，2000—2019年一直呈扩张趋势，2019年夏季湖泊面积达到80km²，年平均增长率为1.95%。

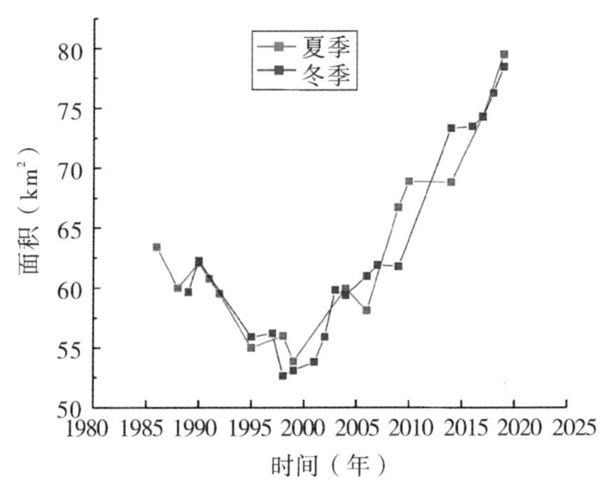

图3.9-6　特拉什湖面积变化(1990—2019年)

(5)玛章错钦

玛章错钦位于格尔木市，长江源头沱沱河左岸。滨湖北部为乌兰乌拉山，南部为玛章贡马山和扎仁鄂拉山。由东、西两湖组成，其中东湖约48km²，西湖约10km²。东湖南部有1个岛屿，面积约2km²，高出湖面约20m。玛章错钦湖区属青南高寒草原半干旱气候，年平均气温-6.0℃，年降水量200～300mm。湖水主要依赖于地表径流补给，入湖河流2条。其中，斜日贡尼曲最大，长100km，源于乌兰乌拉山，流域面积1430km²；中下游有多条泉集河的支流；下游河道坡降变缓，河曲发育。出流经南部长10.0km小河，丰水期有湖水泄入沱沱河。玛章错钦湖泊集水面积1630km²，补给系数27.7(王苏民等，1998)。根据遥感反演结果(图3.9-7)，除1995年外，玛章错钦湖泊面积均在65km²左右波动。1995年5月遥感监测结果表明，1995年仅有西湖水面可见，东湖完全干涸。2019年夏季该湖面积为67km²，其中东湖面积54km²，西湖面积 13km²。

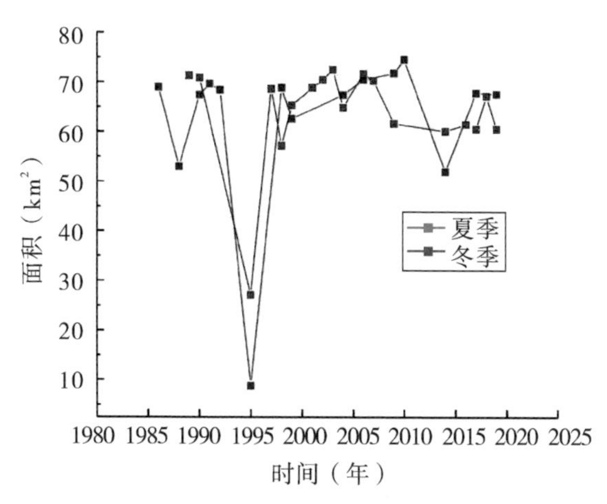

图 3.9-7　玛章错钦湖泊面积变化(1990—2019 年)

其余 10 个面积大于 10km² 的湖泊分别为错江钦、苟仁错、葫芦湖、坎巴卡东错、尼日阿错改、日九错、豌豆湖、雅兴错、移山湖和宰日子下湖，其面积变化如图 3.9-8 所示。

从总体上看，1990—1998 年的遥感信息提取与《中国湖泊志》记载的结果较为接近。由于《中国湖泊志》出版年份较早，其湖泊面积数据获取时间主要集中在 20 世纪 90 年代。本次湖泊遥感监测结果来源于 1990—2019 年美国陆地卫星数据，真实反映了湖泊面积变化基本规律，是《中国湖泊志》记载数据的重要补充。综上，长江源区湖泊面积变化趋势可分为 4 类：①坎巴卡东错以 2009 年为界，呈先退缩后扩张的趋势；②错达日玛、特拉什湖、豌豆湖、雀莫错、苟仁错以 1999 年左右为界，呈先退缩后扩张的趋势；③日九错、雅兴错、错江钦、移山湖、多尔改错、宰日子下湖泊面积波动程度较大；④尼日阿错改、日九错面积变化波动较小，玛章错钦除 1995 年外，其他时间面积变化波动较小。1990—2019 年长江源区 15 个面积大于 10km² 的湖泊面积总和除 1995 年下降明显外，其他时段基本呈上升趋势。

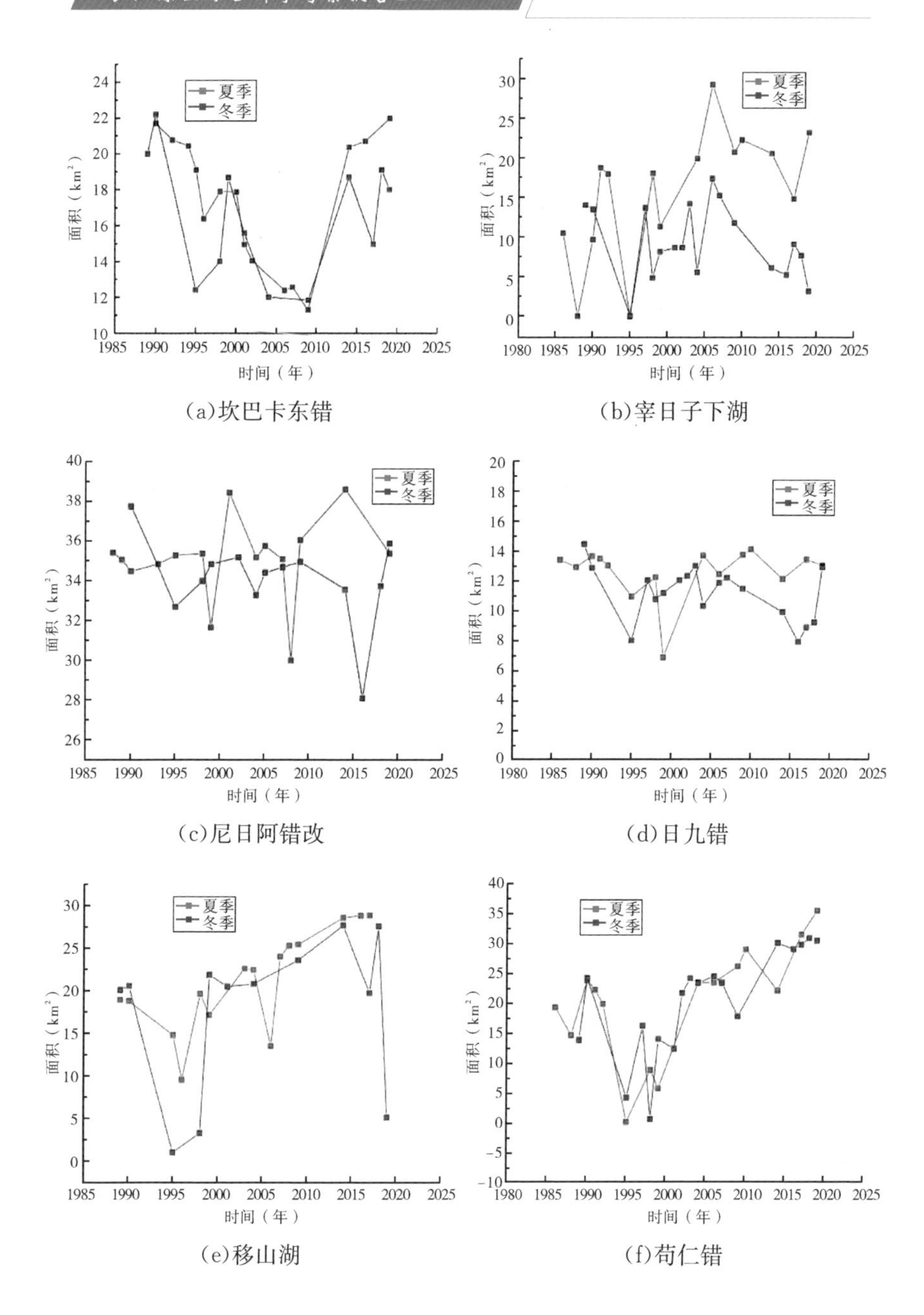

(a)坎巴卡东错　(b)宰日子下湖

(c)尼日阿错改　(d)日九错

(e)移山湖　(f)苟仁错

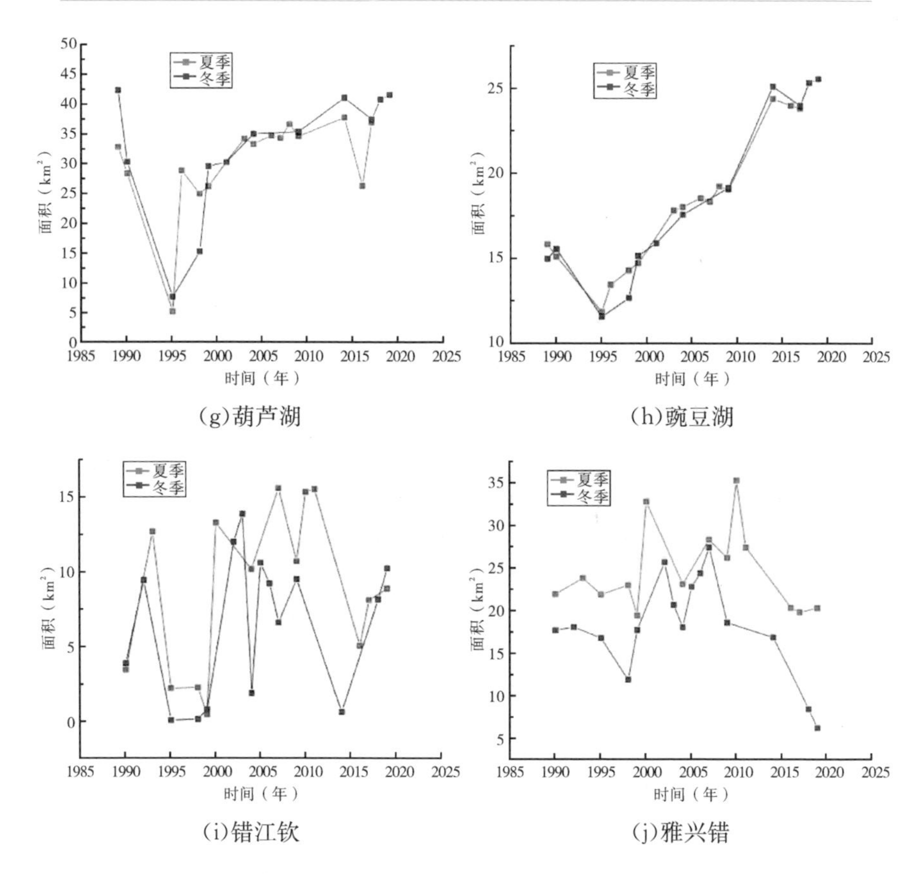

图 3.9-8　其余面积大于 10km² 的湖泊的面积变化(1990—2019 年)

3.9.2　长江源区冰川变化遥感监测

处于高寒气候特征条件下的长江源区冰川对气候变化具有极为敏感的响应，冰川消融是长江源区水资源的主要来源之一，对长江源区湖泊、河流、湿地等重要水生生态系统具有决定性意义。因此，长江源区冰川面积变化是对气候变化最直接的反映，对于研究长江源区水资源变化具有重要意义。

“各拉丹冬”藏语意为格拉降魔山峰，是唐古拉山脉最大的雪山，雪山方向呈南北向，长度约 60km、东西宽约 20km，其中海拔达到 6621m 的各拉丹冬雪峰，是唐古拉山脉主峰。这里山峰高耸入云，雪线海拔高度5520～5880m，山地终年白雪皑皑，北半段冰川流入长江河源水系，冰川融水成为万里长江第一河的源流（李炳元等，2006）。长江水系现代冰川中面积较大的冰川有姜根迪如南侧冰川、姜根迪如北侧冰川，以及姜根迪如雪峰东坡岗加曲巴冰川等（图3.9-9）。

（a）1999年各拉丹冬雪山冰川 Landsat5TM影像（541波段假彩色合成）

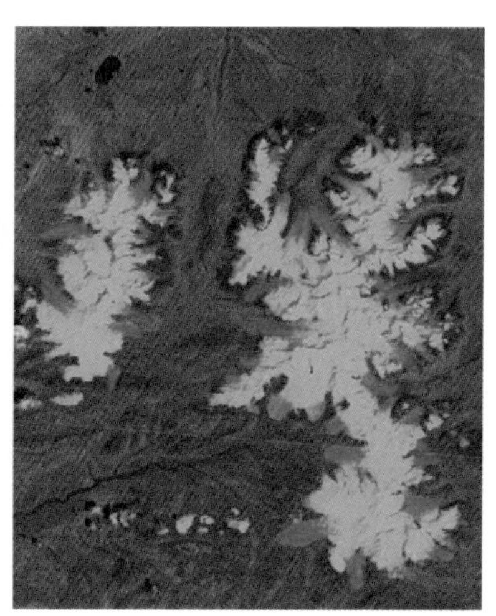

（b）2009年各拉丹冬雪山冰川 Landsat5TM影像（541波段假彩色合成）

（c）2019年各拉丹冬雪山冰川 Landsat8OLI影像（652波段假彩色合成）

图3.9-9　长江源区各拉丹冬雪山冰川遥感影像（1999年、2009年、2019年）

长江源区冰川海拔较高，地形复杂，地理环境恶劣，冰川覆盖面积大，因此采用常规测量方法很难对冰川面积变化进行长期全面监测。利用历史遥感影像数据可以提取冰川面积长时间序列变化信息，因此卫星遥感技术被广泛应用于冰川变化研究。长江源区冰川变化监测利用 1990—2013 年美国陆地卫星 Landsat 5 TM 和 2013 年至今的 Landsat 8 OLI 遥感影像，采用计算归一化差异雪指数(Normalized Difference Snow Index，NDSI)和监督分类的方法，提取了各拉丹冬地区姜根迪如冰川和岗加曲巴冰川空间分布年际变化规律(图 3. 9-10)。

遥感监测结果表明，长江源区各拉丹冬雪山冰川面积 1990—1995 年总体变化不大，姜根迪如西部冰川略有退化；2004—2009 年姜根迪如西部和岗加曲巴东部冰川退化较为明显；2014—2019 年姜根迪如东北部有少量冰川前进，姜根迪如南支西部冰川略有退化，退化速率较 2004—2009 年减弱。

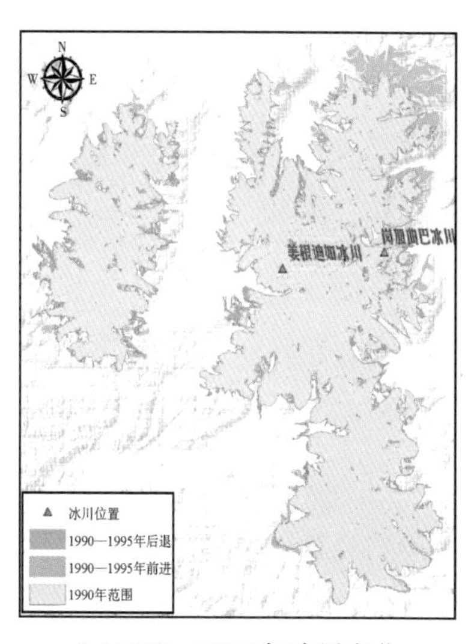

(a)1990—1995 年冰川变化

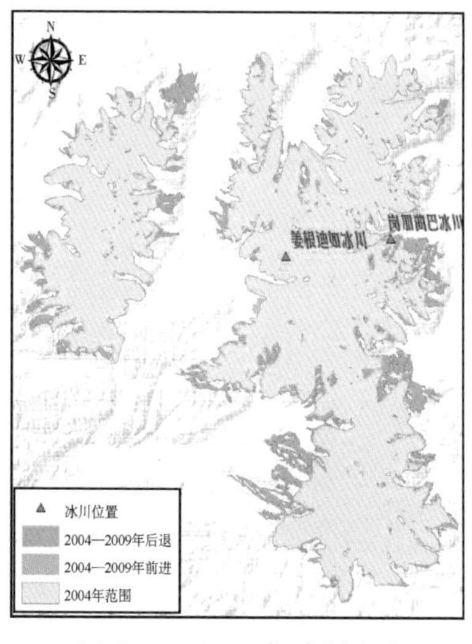

(b)2004—2009 年冰川变化

(c)2014—2019 年冰川变化

图 3.9-10　长江源区各拉丹冬雪山冰川空间变化趋势(1990—2019 年)

雀莫错距离各拉丹冬雪山前沿仅约 26km,其湖水主要依赖于冰雪融水径流和泉水补给,湖面面积除 2000 年左右之外,无论是冬季还是夏季,均呈现持续上升趋势,而近年来各拉丹冬冰川整体呈退缩趋势。1990—2019 年雀莫错夏季与冬季湖面面积和冰川面积之间的相关性如图 3.9-11 所示,夏季皮尔逊相关系数为−0.84,冬季皮尔逊相关系数为−0.69。分析结果表明,各拉丹冬雪山冰川面积的减小是同年夏季雀莫错湖泊面积增大的原因之一,而冰川面积变化与同年冬季湖泊面积变化的负相关关系属中等显著。根据遥感影像提取的雀莫错湖面积与各拉丹冬地区冰川面积变化数据如表 3.9-1 所示。

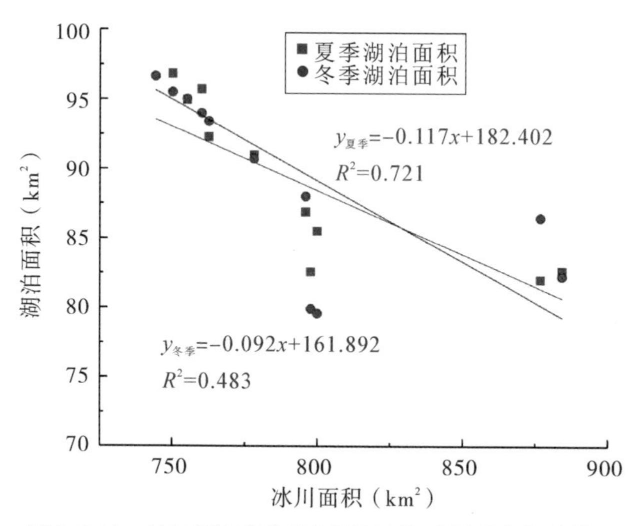

图 3.9-11　长江源区雀莫错湖泊面积与冰川面积相关关系

表 3.9-1　长江源区雀莫错湖面积与各拉丹冬地区冰川面积变化

年份	冰川面积(km²)	夏季湖泊面积(km²)	冬季湖泊面积(km²)
1990	876.940	82.235	86.457
1995	884.416	82.618	82.224
1998	801.324	85.509	79.574
1999	797.750	82.554	79.912
2004	796.852	86.879	88.098
2009	778.183	90.964	90.694
2014	762.479	92.268	93.401
2016	760.981	95.720	94.101
2017	754.096	94.945	95.067
2018	751.307	96.835	95.476
2019	744.140	101.277	96.645

3.9.3　长江源区植被覆盖变化遥感监测

归一化植被指数(Normalized Differential Vegetation Index,

NDVI)是植物生长状态及植被空间分布密度指示因子，与植被分布密度呈线性相关，也是反映农作物长势和营养信息的重要参数之一。NDVI与叶面积指数(LAI)、净初级生产力(NPP)等生物物理参数有着密切关联。但NDVI对高植被覆盖区具有较低的灵敏度，且在高植被覆盖区容易饱和，也没有考虑背景土壤噪音影响，因此有很多改进方法。

增强型植被指数(Enhanced Vegetation Index，EVI)是由NDVI改善而来的，根据大气校正包含的大气分子、气溶胶、薄云、水汽和臭氧等因素进行全面的大气校正，可解决由此引起的植被指数容易饱和以及与实际植被覆盖缺乏线性关系的问题。EVI的计算公式如下：

$$EVI=\frac{2.5(\rho_{NIR}-\rho_R)}{L+\rho_{NIR}+C_1\rho_R-C_2\rho_B}$$

式中：ρ_B ——蓝光波段反射值；

L ——土壤调节参数，取1；

C_1——大气修正红光校正参数，取6.0；

C_2——大气修正蓝光校正参数，取7.5。

EVI的取值范围为[−1,1]，绿色植被区的范围一般为[0.2,0.8]。

MOD13A3数据是全球MODIS卫星植被指数时间序列数据产品，采用蓝(469nm)、红(645nm)和近红外(858nm)波段反射率进行计算得到。全球MOD13A3数据提供每月1km分辨率的3级网格产品，该数据可用于全球植被状况和土地覆盖变化监测，也可用于全球或区域水文过程及气候变化研究。

SRTM(Shuttle Radar Topography Mission)高程数据是由美国航空航天局(NASA)和国防部国家测绘局(NIMA)联合测量并发布的全球90m平面精度数字高程模型。利用SRTM数据将长江源区按高程分为 4 类：高于 4000m，4000～4500m，4000～4500m，高于 5000m（图 3.9-12）。

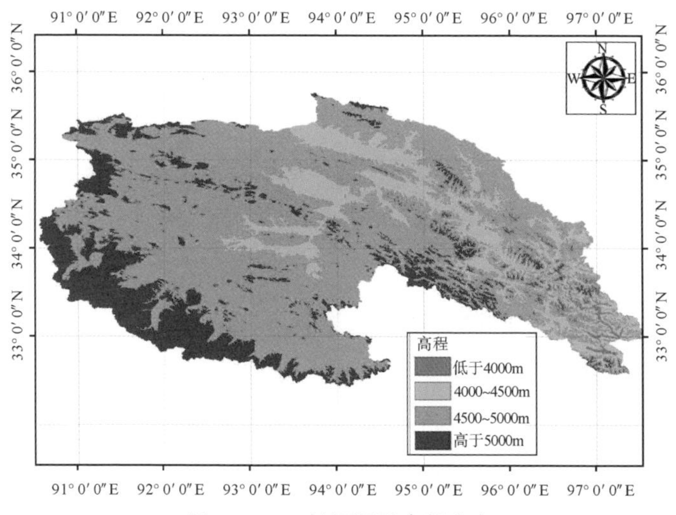

图 3.9-12　长江源区高程分布

根据年度、季度和高程将 2001—2018 年 MOD13A3 产品数据分区分类，采用最大化合成法（MVC）生成栅格数据，并计算每一幅栅格数据所有像元平均值，绘制变化趋势图（图 3.9-13）。

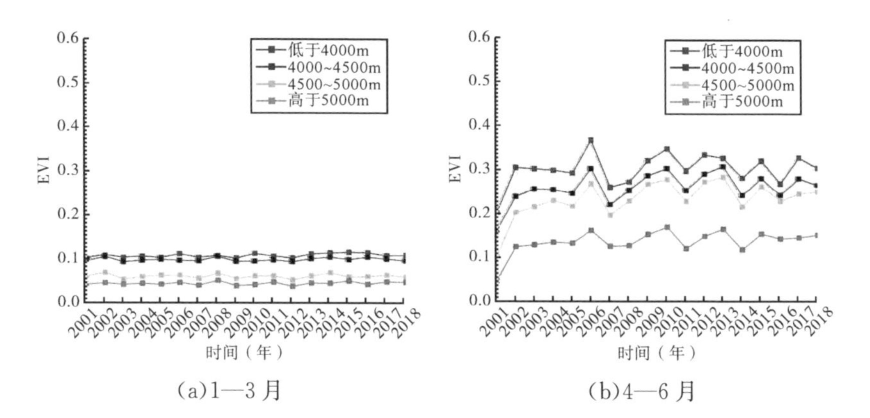

(a)1—3 月　　　(b)4—6 月

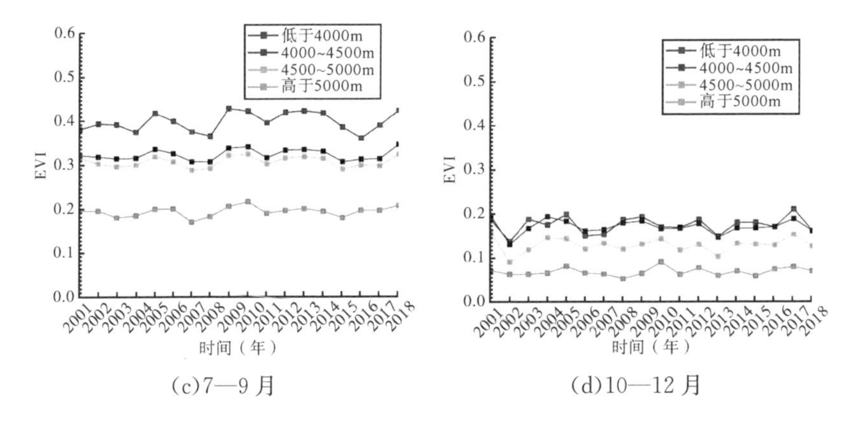

(c)7—9 月　　(d)10—12 月

图 3.9-13　长江源区增强型植被指数变化趋势(2001—2018 年)

根据遥感解译和波段计算结果,从年内变化规律来看,长江源区植被覆盖随着海拔高度升高,每年前三季度植被指数均降低,特别是当海拔超过 5000m 时,植被指数明显降低,但每年第四季度低于海拔 4500m 和 4000～4500m 两块区域植被指数没有明显差别。从年际变化规律来看,2001—2018 年由于秋冬季节植被覆盖率低,很多地区由冰雪覆盖,因此每年第一、四季度植被指数趋于平稳,没有明显变化。而第二、三季度变化显著,2001—2002 年、2005—2006 年、2007—2010 年、2011—2013 年、2014—2015 年、2016—2017 年春季,以及 2004—2005 年、2008—2009 年、2011—2013 年、2016—2018 年夏季植被指数有不同程度的抬升。从总体上看,长江源区夏季植被情况在 2016 年后有所改善,对抑制沙漠化也将起到不小的作用,对生态恢复和改善极为有利,也为下游地区水安全提供了保障。

长江源区植被覆盖空间变化方面,整体可将长江源区大致划分为东部相对低海拔区和西部相对高海拔区,长江源区东部低海拔区人类活动较为明显。空间变化如图 3.9-14 所示,其中 2002 年、2006 年、2007 年、2011 年、2014 年、2016 年低海拔区域植被覆盖指数较前一年降低,2003 年、2004 年、2005 年、2009 年、2012 年、

2013 年、2017 年、2018 年低海拔区域植被覆盖指数明显升高；对于西北部高海拔区，除 2005 年和 2009 年略微降低和 2018 年明显降低外，其他年份均升高或基本不变。从空间上来看，长江源区近 20 年来植被覆盖的整体情况并未一直朝固定趋势发展，仍然受年际气候变化影响较大，局部人类活动对整体植被覆盖变化影响并不显著。

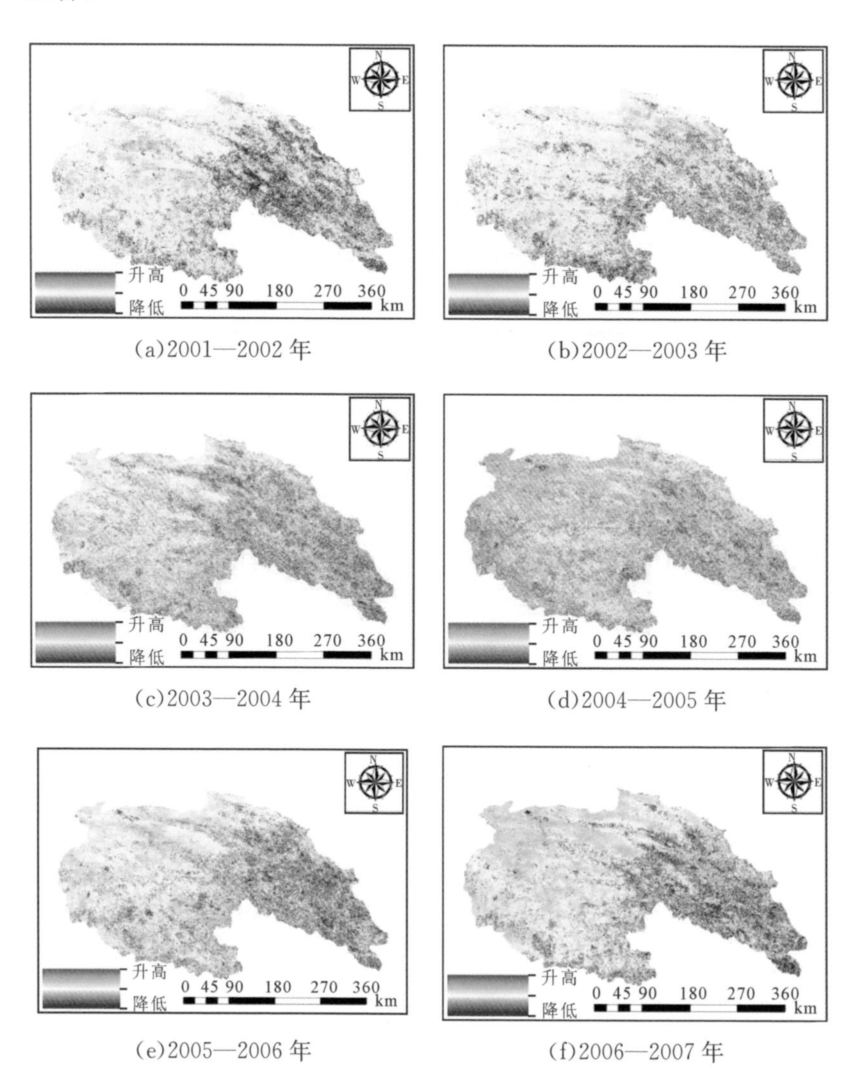

(a)2001—2002 年　　(b)2002—2003 年

(c)2003—2004 年　　(d)2004—2005 年

(e)2005—2006 年　　(f)2006—2007 年

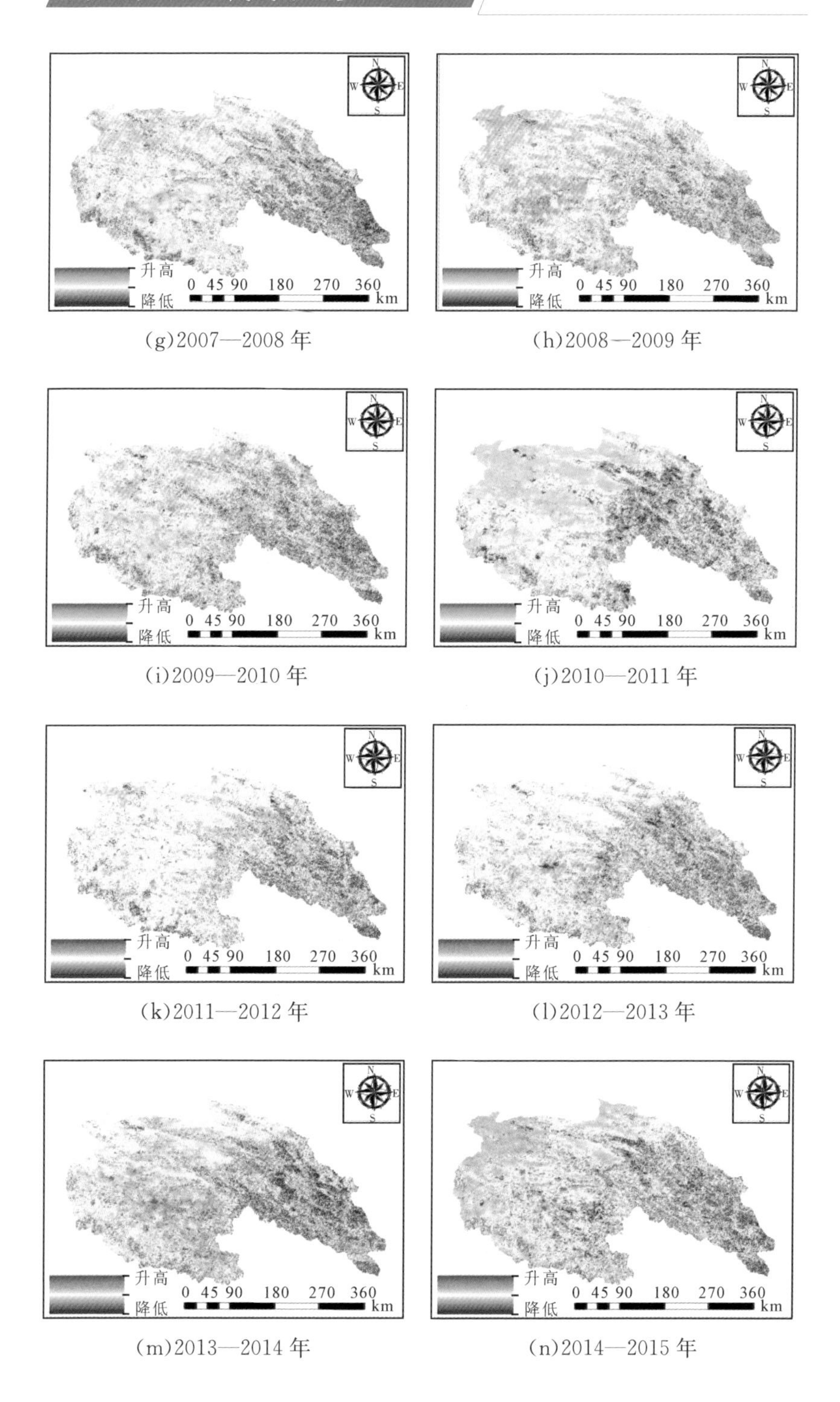

(g)2007—2008 年

(h)2008—2009 年

(i)2009—2010 年

(j)2010—2011 年

(k)2011—2012 年

(l)2012—2013 年

(m)2013—2014 年

(n)2014—2015 年

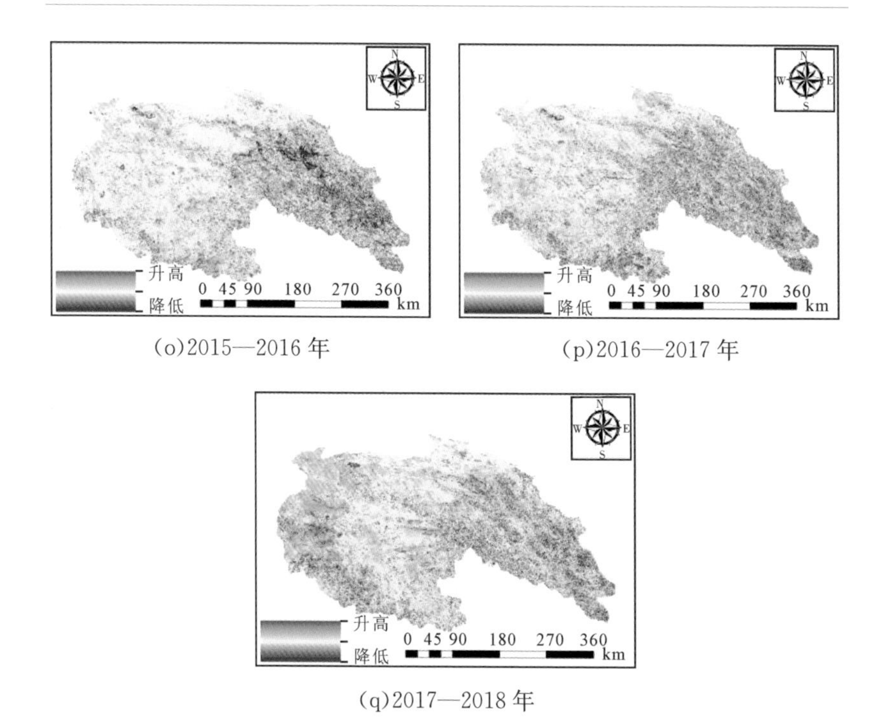

(o)2015—2016 年

(p)2016—2017 年

(q)2017—2018 年

图 3.9-14　长江源区增强型植被指数空间变化(2001—2018 年)

3.9.4　小结与讨论

综上所述,遥感监测结果显示,长江源区湖泊面积总体表现为扩张趋势,而冰川则呈现为收缩趋势,植被覆盖面积变化并不显著,湖泊与冰川的面积之间存在显著负相关关系。但卫星遥感监测仅能获得长江源区湖泊、冰川与植被时空变化格局信息,对于真正理解长江源区生态环境变化的影响因素与关键过程机制,还需要针对长江源区高寒气候特征,采用卫星遥感、航空遥感与地面原位观测相结合的方式,借助水文模型等工具加强科学研究,进一步厘清长江源区降水、湖泊、冰川、冻土、积雪等关键水文过程演变机制,进而科学评估气候变化与人类活动对长江源区生态环境的影响,提出科学有效的对策,保护长江源区生态环境。

第4章　加强江源保护的若干建议

长江是发源于地球第三极的世界第三大河，是中华民族的母亲河，也是中华民族发展的重要支撑。长江哺育了一代代中华儿女，滋养着泱泱五千年的中华文明，保护好母亲河、生命河，是事关中华民族伟大复兴和永续发展的千秋大计。

新中国成立以来，伴随着改革开放的进程，以防洪为中心的治江三阶段战略任务基本付诸实施，进而从“维护健康长江、促进人水和谐”的治江思路到“安澜长江、绿色长江、和谐长江、美丽长江”的四个长江建设，长江治理开发与保护取得了举世瞩目的巨大成就，防洪减灾体系基本建立，水资源综合利用体系初步形成，水资源与水生态保护体系逐步构建，流域综合管理体系不断完善，有力支撑和保障了流域经济社会的发展。2016年1月，习近平总书记在推动长江经济带发展座谈会上强调：当前和今后相当长一个时期，要把修复长江生态环境摆在压倒性位置，共抓大保护，不搞大开发。推动长江经济带发展必须从中华民族长远利益考虑，走生态优先、绿色发展之路，使绿水青山产生巨大的生态效益、社会效益、经济效益，使母亲河永葆生机活力。随着长江经济带发展上升为国家战略，长江治理与保护迎来了“共抓大保护”的新时代。

长江源区面积约13.82万km^2，正源沱沱河—通天河全长1174km，是长江大系统不可分割的重要组成部分，源区基流也是下游干流基流的重要来源。源头之于长江，好比大脑之于人体一样，牵一发而动全身，保护好源头生态系统对长江整体保护具有举足轻重的作用。一方面，包含长江源在内的三江源被誉为“中华水塔”，是国家战略水源地，是维系青藏高原东北部乃至国家生态安全的关键节点。其独特的生态环境造就了世界上高海拔地区独一无二的大面积湿地生态系统，是世界上高海拔地区物种多样性、遗传多样性及生态系统多样性最集中的地区，是高寒生物自然资源库。另一方面，长江源区生态系统结构相对简单，生态环境脆弱，抗逆性差，自我恢复能力低下。在全球气候变化和人类活动的双重影响下，长江源区内雪线上升、冰川退缩、土地沙化和草场退化、水源涵养能力下降等生态环境问题凸显，直接威胁长江源区乃至整个流域的生态安全。

2016 年 8 月 24 日，习近平总书记在青海视察工作时指出：“现在，我们已经到了必须加大生态环境保护建设力度的时候了，也到了有能力做好这件事情的时候了。”站在新的历史节点上，保护好冰川雪山、河源河流、湖泊湿地、高寒草甸等源头地区的生态系统，是做好长江大保护的应有之义，重中之重，既具有重大的历史意义，也具有重要的现实意义。做好江源保护，筑牢国家生态安全屏障，确保“一江清水向东流”，是历史赋予长江水利科技工作者的重大责任。

为此，基于长科院 2019 年长江源科学考察成果，并融合历年考察成果，针对长江源区生态环境保护，围绕长江源区经济社会高质量发展，提高长江源区以及三江源区生态保护的科技支撑能力与监管水平，提出了加强体制机制建设、加强综合能力建设、加强重大问题研究与成果应用、严控人为活动强度等“三加强一严控”的四方面生态环境保护建议，以期得到有关部门的重视，唤起社会大众对江源保护更多的关注。

4.1 加强体制机制建设，为江源保护提供制度保障

(1)建立完善的横向生态补偿机制

良好的江源生态保障了长江流域生态安全，要深入开展生态系统服务价值与生态资产评估研究，探索江源生态价值实现路径，推动建立流域横向生态补偿机制，构建上下游“责任共担、利益共享、合作共治”的江源生态环境保护长效机制。

(2)加强流域与区域协同保护

着眼生态系统整体性和长江流域系统性，把长江流域生态环境保护作为一项系统工程，树立生态环境协同保护的理念，从保护修复江源生态环境的共同使命出发，协调好流域与区域、当前利益与长远利益的关系，强化区域规划与长江流域综合规划、通天河及长江源区综合规划等的有序衔接，统筹推进长江源区山水林田湖草系统治理，实现生态环境保护成效的最大化。

(3)加强规划统筹协调并推进实施

全面梳理三江源国家公园和青海省各类保护区规章制度，统筹各类空间性规划，着力处理好三江源国家公园与园区内及其毗邻的各类保护区的关系，优化功能布局，落实多规合一，在相关专业专项规划的编制过程中加强规划衔接协调，在做好三江源国家公园管理的同时加强与园区毗邻的青海三江源国家级自然保护区等的管理与保护工作。积极推进三江源生态保护和建设项目的前期工作，抓紧实施重点区域生态环境系统治理与保护工程建设。

4.2　加强综合能力建设，为江源保护提供监管保障

(1)优化并全面推进监测站网建设

为全面掌握长江源区水资源、水环境、水生态、水土流失状况，针对长江源区水文监测站点明显不足、水生态监测站点基本空白、冰川雪山监测体系尚未建立等问题，提升长江源区整体监测能力与水平，建议改扩建现有水文站，增加水环境、水生态等监测项目，改建孟宗沟水土保持试验场；在通天河干流和当曲规划新建多功能水文站；选取典型小流域建设小流域水土保持试验站。对目前探明的当曲源头鱼类产卵场、索饵场、越冬场和洄游通道持续开展现场监测，启动源区干支流鱼类“三场一通道”全面调查与研究工作。建立源头冰川雪山空地立体监测体系，为强化冰川雪山保护管理以及有效应对气候变化研究提供数据支撑。

(2)加强信息化建设

进一步理顺监测站网管理体制机制，强化跨部门、跨区域长江源区生态环境监测信息共享，构建由生态环境综合信息监测、安全评估预测预警、决策支持等系统组成的长江源区综合管理信息平台。

(3)加强人才队伍建设

管理部门要拥有一定数量的建设、科技、管理、执法等方面的专业人才，通过高校定向培养一批高素质的江源管理人才。对基层管护人员，委托高校进行短期业务培训，提升他们发现问题和应急处理问题的能力。

(4)加强监管执法能力建设

加强监管执法信息化、智慧化建设，构建监管执法长效机制。

强化突发生态环境事件风险防控，加强应急预案编制与备案管理，提高突发事件应急处置能力。建立跨部门长江源区生态环境行政执法协作机制，加强长江源区河（湖）长制工作协作，建立流域与区域共治联管机制，开展长江源区生态环境问题专项联合执法行动，严厉查处违法行为。

4.3 加强重大问题研究与成果应用，为江源保护提供科技支撑

（1）加强三江源保护基础问题研究

针对长江源区生态环境现状与演变趋势等基础问题研究不足的问题，建议在国家层面，由国家自然科学基金委员会与青海省人民政府共同设立三江源保护联合研究基金，在其他各类国家重大研究计划中，也要加大对三江源保护研究的资助力度；在其他层面，要实现共同关注与联动，可由长江治理与保护科技创新联盟发起，长科院与青海省科技厅共同设立长江源保护科学研究计划，通过资助青海省和长科院的青年科技人员，培养一批优秀的江源研究学者。通过资金、平台与人才等方面的齐头并进，共同推进三江源保护基础研究工作。

（2）组建国家级科技创新平台

建议组建长江治理与保护国家重点实验室和长江水生态系统国家野外科学观测研究站，将长江源区水资源、水环境、水生态保护与水土流失防治等作为重点实验室和野外站的主要观测研究方向，以水资源、水环境、水生态及水土流失长期系统定位观测为基础，积累和提供山水林田湖草系统治理的第一手科学数据，揭示长江源区水资源及生态环境的动态变化规律，从流

域的尺度研究气候变化与人类活动对流域生态环境的影响，着力研究解决长江源区资源环境承载力、绿色发展途径等方面的问题，为长江大保护、三江源国家公园建设提供科技支撑和优化示范模式。

(3)持续开展江源科学考察

全面系统总结历年江源科学考察成果与经验，充分发挥长江委长科院江源研究基地的作用，强化江源地区冰川雪山、高寒草地、高原沼泽湿地、鱼类"三场一通道"等重点科学考察，持续开展水资源、水环境、水生态、植被生态、水土流失和高原河湖等方面的本底调查，研究建立与三江源国家公园保护与管理目标相适应的生态环境承载能力评估方法及技术标准体系，为制定切实可行的江源生态环境保护和恢复措施提供科学依据。

(4)加强科研成果推广应用

在加强重大问题研究的同时，要加大水资源保护、水环境治理、水生态修复、水土流失防治以及生态产品价值实现等方面的科研成果推广转化与示范应用的力度，如高原河流水质水量实时监测与传输技术、"天空地"一体化生态环境监测技术、监管执法信息化智能化技术、城镇居住区水质快速检测技术、牧区水源勘探与水质净化技术、水生生物超声追踪技术、退化草地生态抚育技术、工程扰动区生态快速修复技术、寒旱区小流域综合治理技术、生态产品价值评估技术、涉水工程安全评价与防护技术、透水性路基设计与填筑技术等，为江源保护提供强有力的科技支撑。

4.4 严控人为活动强度，为江源生态环境自然恢复创造条件

(1)严控外流入源人口

坚持敬畏自然、不搞大旅游的理念，严控进入源区的个人和团体数量，禁止自然体验访客进入核心保育区和生态保育修复区；对开展科学考察研究的高校和科研机构实行备案制，强化科学考察研究团体预约制度，对进入核心保育区和生态保育修复区的要从严审查其考察研究计划，杜绝借科学考察研究之名，行探险、穿越等之实的活动。

(2)严控阻隔河流工程建设

修建拦河闸坝等工程改变了河流的连通性及连续性，破坏水文情势的季节性和波动性，导致生物生境衰退、降低物种和群落多样性等，严重影响河流生态系统的结构和功能。目前，长江源区河流大部分仍保留天然连通性和流动性，建议在长江源区制定和实施最严格的管控措施，严禁新建拦河闸坝、大型引水工程，防止长江源区河流片段化和渠道化，维持长江源区干支流天然水文节律和水力条件，避免损害水生生物栖息地和阻隔水生生物洄游通道，保持长江源区河流生态系统多样性、原真性和完整性。

(3)严控改变河流平面形态的活动

在长期的自然塑造过程中，长江源区形成了丰富的河流地貌，顺直、弯曲、分汊、游荡等河型均有分布，且广泛发育宽谷游荡型河道，高寒沼泽、湿地与河流耦合存在也是其显著特点。要遵循河流自然演变规律，严禁改变长江源区河流、湖泊、湿地的原始形貌的

人为活动，对必须修建的跨河桥梁、防洪等涉水工程，应充分考虑河床横向摆动规律和趋势，尽量减少占用河床过水面积，避免改变河流平面形态，严禁压缩河流天然槽蓄量，保留源区河流地貌的天然性和原生性。

(4)严控高等级公路修建

公路建设作为线性开发项目，点多线长，是一项对自然生态环境影响较大的开发行为。考察与研究发现，长江源区因公路建设出现了诸如生态空间挤占、环境污染、水土流失、生物多样性降低、景观格局破碎化等生态环境问题，加剧了经济社会发展与生态环境保护之间的冲突。建议严禁在核心保育区和生态保育修复区修建高等级公路，对位于传统利用区涉及国家安全和重大民生的公路工程，在项目立项过程中要严格执行国家法律法规以及长江源区生态环境的保护要求，充分论证公路建设与运行对长江源自然生态系统水文水资源特征、物理结构、水质状况、生物状况、社会服务功能等方面的影响，实现生态系统扰动最小化、生态功能影响最小化、生态资源损伤最低化的目标。同时，在工程建设过程中对高寒草地采取草皮保护、表土剥离和生态修复等保护措施，对沼泽湿地采取避让或高架等减缓影响的工程措施，并设置充足的野生动物迁徙通道，尽量减免工程建设对草地和湿地等敏感生态系统的生态要素、生态过程和生态调节功能等方面造成破坏。

(5)严控草场载畜量

考察中发现，草地退化是长江源区所面临的突出问题，无序、过度放牧是导致草地退化的重要影响因素之一。建议遵循差异化保护原则，实施核心保育区禁牧、生态保育修复区休牧与划区轮牧、传统利用区合理控制载畜量等制度，采取鼓励发展半舍饲、高原特色绿色产品等政策，积极推进“减人减畜”，实现牧业绿色高质量发展与生态环境保护有机统一。另外，考察中也发现，当曲源头地势较为平缓的区域牧草资源丰富，但河流流速较缓，水温偏低，水体自净能力较弱，污染物降解过程相对缓慢，该区域因载畜量过高，牲畜排泄物集中且过量，导致局部河段水体中的 N、P 含量相对较高。建议积极关注放牧对源头河流水质的影响，开展源头河流水环境容量评估，科学确定水环境敏感河段草场载畜量。

参考文献

[1] Azhikodan G, Yokoyama K. Spatio-temporal variability of phytoplankton (Chlorophyll-a) in relation to salinity, suspended sediment concentration, and light intensity in a macro tidal estuary [J]. Continental Shelf Research, 2016, 126: 15-26.

[2] Beisel J N, Usseglio-Polatera P, Thomas S, et al. Stream community structure in relation to spatial variation: the influence of mesohabitat characteristics[J]. Hydrobiologia, 1998, 389: 73-88.

[3] Buss D F, Baptista D F, Nessimian J L, et al. Substrate specificity, environmental degradation and disturbance structuring macroinvertebrate assemblages in neotropical streams[J]. Hydrobiologia, 2004, 518: 179-188.

[4] Cook E R, Anchukaitis K J, Buckley B M, et al. Asian monsoon failure and megadrought during the last millennium[J]. Science, 2010, 328(5977): 486-494.

[5] Gibbs R J. Mechanisms controlling world water chemistry[J]. Science, 1970, 170(3962): 1088-1090.

[6] Jiang L, Yao Z, Liu Z, et al. Hydrochemistry and its controlling factors of rivers in the source region of the Yangtze River on the Tibetan Plateau [J]. Journal of Geochemical Exploration, 2015, 155: 76-83.

[7] Loewen M, Kang S, Armstrong D, et al. Atmospheric transport of mercury to the tibetan plateau[J]. Environmental Sci-

ence & Technology,2007,41(22):7632-7638.

[8] Morais P,Chícharo M A,Barbosa A. Phytoplankton dynamics in a coastal saline lake(SE-Portugal)[J]. Acta Oecologica,2003,24(S1):S87-S96.

[9] Paudyal R,Kang S,Huang J,et al. Insights into mercury deposition and spatiotemporal variation in the glacier and melt water from the central Tibetan Plateau[J]. Science of the Total Environment,2017,599:2046-2053.

[10] Steiberg C. E. W, Hartmann H. M. Planktonic bloom forming cyanobacteria and the eutrophication of lake and rivers [J]. Freshwater Biology,1988,20:279-287.

[11] Wang H, Shen Z, Guo X, et al. Ammonia adsorption andnitritation in sediments derived from the Three Gorges Reservoir, China [J]. Environmental Earth Sciences, 2010, 60 (8): 1653-1660.

[12] Yuan Z,Xu J,Wang Y. Historical and future changes of blue water and green water resources in the Yangtze River source region,China[J]. Theoretical and Applied Climatology,2019,138:1035-1047.

[13] 曹德云.长江源区水环境与水化学背景特征[D].北京:中国地质大学(北京),2013.

[14] 曹文宣,陈宜瑜,武云飞,等.裂腹鱼类的起源和演化及其与青藏高原隆起的关系[M].北京:科学出版社,1981.

[15] 陈婷.长江源区生态水文研究[D].北京:中国地质大学(北京),2009.

[16] 陈燕琴,李柯懋,高桂香,等.长江源沱沱河浮游植物群落结构及多样性评价[J].青海农林科技,2017(2):1-5,58.

[17] 陈毅峰.裂腹鱼类的系统进化及资源生物学[D].武汉:中国科学院水生生物研究所,2000.

[18] 成杭新,刘英汉,聂海峰,等.长江源区 Cd 地球化学省与主要水系的 Cd 输出通量[J].地学前缘,2008,15(5):203-211.

[19] 程国栋,金会军.青藏高原多年冻土区地下水及其变化[J].水文地质工程地质,2013,40(1):1-11.

[20] 迟清华,鄢明才.应用地球化学元素丰度数据手册[M].北京:地质出版社,2007.

[21] 崔鹏,张小林,王玉宽,等.中国水土流失防治与生态安全——长江上游及西南诸河区卷[M].北京:科学出版社,2010.

[22] 冯明汉.长江流域源区水土流失防治研究[J].长江技术经济,2018,2(3):29-34.

[23] 何德奎,陈毅峰.高度特化等级裂腹鱼类分子系统发育与生物地理学[J].科学通报,2007,52(3):303-312.

[24] 洪松,陈静生.中国河流水生生物群落结构特征探讨[J].水生生物学报,2002,26(3):296-305.

[25] 胡俊,胡鑫,米玮洁,等.多沙河流季浮游植物群落结构变化及水环境因子影响分析[J].生态环境学报,2016,25(12):1974-1982.

[26] 胡玉法,刘纪根,冯明汉.长江源区水土保持生态建设现状问题及对策[J].人民长江,2017,48(3):8-12.

[27] 霍斌.尖裸鲤个体生物学和种群动态学研究[D].武汉:华中农业大学,2014.

[28] 简讯.长江源头出现四大生态问题[J].人民长江,2012,43(1):75.

[29] 江源,彭秋志,廖剑宇,等.浮游藻类与河流生境关系研究进展与展望[J].资源科学,2013,35(3):461-472.

[30] 蒋冲,高艳妮,李芬,等. 1956—2010年三江源区水土流失状况演变[J]. 环境科学研究,2017,30(1):20-29.

[31] 李炳元,徐庶. 长江源头各拉丹冬[J]. 中国国家地理,2006(12):164-166.

[32] 李小倩,刘运德,周爱国,等. 长江干流丰水期河水硫酸盐同位素组成特征及其来源解析[J]. 地球科学,2014,39(11):1643-1654,1692.

[33] 李亚林,王成善,王谋,等. 藏北长江源地区河流地貌特征及其对新构造运动的响应[J]. 中国地质,2006,33(2):374-382.

[34] 廉丽姝. 三江源地区土地覆被变化的区域气候响应[D]. 上海:华东师范大学,2007.

[35] 刘时银,姚晓军,郭万钦,等. 基于第二次冰川编目的中国冰川现状[J]. 地理学报,2015,70(1):3-16.

[36] 鲁安新,姚檀栋,刘时银,等. 青藏高原各拉丹冬地区冰川变化的遥感监测[J]. 冰川冻土,2002,24(5):559-562.

[37] 罗惦,柴林荣,常生华,等. 我国青藏高原地区牦牛草地放牧系统管理及优化[J]. 草业科学,2017,34(4):881-891.

[38] 梅安新,彭望,秦其明,等. 遥感导论[M]. 北京:高等教育出版社,2001.

[39] 潘保柱,王兆印,余国安. 长江源和黄河源的大型底栖动物群落特征研究[J]. 长江流域资源与环境,2012,21(3):369-374.

[40] 蒲健辰. 中国冰川目录Ⅷ——长江水系[M]. 兰州:甘肃文化出版社,1994:1-81.

[41] 蒲勇平,张小林. 长江源地区水土保持预防保护及对策[J]. 人民长江,2003(4):25-26.

[42] 钱开涛. 长江源区水文周期特征及其对气候变化的响应[D]. 北京:中国地质大学(北京),2013.

[43] 青海省黄南、果洛、玉树藏族自治州水资源调查评价及水资源配置[R]. 西宁：青海省水文水资源勘测局，2015.

[44] 青海省三江源自然保护区总体规划[R]. 北京：国家林业局调查规划设计院，2001.

[45] 渠晓东，张远，吴乃成，等. 人为活动对冈曲河大型底栖动物空间分布的影响[J]. 环境科学研究，2010，23(3)：304-311.

[46] 阮嘉玲. 三峡库区泥沙过程变异对浮游植物的影响及营养化评价方法研究[D]. 武汉：武汉轻工业大学，2014.

[47] 石铭鼎. 1976年江源调查回顾[J]. 长江志季刊，2001，3：20-29.

[48] 石铭鼎. 江源首次考察记[M]. 北京：中国水利水电出版社，1990.

[49] 石铭鼎. 难忘的长江源考察[M]. 武汉：长江出版社，2010.

[50] 史立人. 江源地区的河流及其发育[J]. 长江志季刊，2001(3)：95-108.

[51] 田淇. 青海沱沱河地区加布陇贡玛银矿地球物理和地球化学特征[D]. 长春：吉林大学，2019.

[52] 万咸涛，张新宁. 长江流域及西南诸河天然水质特征与河流健康[J]. 人民长江，2008，39(6)：8-9.

[53] 汪松，解焱. 中国物种红色名录[M]. 北京：高等教育出版社，2004.

[54] 王根绪，李琪，程国栋，等. 40a来江河源区的气候变化特征及其生态环境效应[J]. 冰川冻土，2001，23(4)：346-352.

[55] 王海军，王洪铸，赵伟华，等. 河流泥沙及水流对黄河生态健康的调节作用[J]. 水生生物学报，2016，40(5)：1003-1011.

[56] 王海宁，任兴汉. 试论长江源头地区的水土流失[J]. 水土保持通报，1995，15(5)：35-40.

[57] 王辉,甘艳辉,马兴华,等. 长江源区气候变化及其对生态环境的影响分析[J]. 青海科技,2010,2:11-16.

[58] 王利利. 水动力条件下藻类生长相关影响因素研究[D]. 重庆:重庆大学,2006.

[59] 王启发. 江源考察见闻[J]. 青海社会科学,1981(1):95-97.

[60] 王苏民,窦鸿身. 中国湖泊志[M]. 北京:科学出版社,1998.

[61] 武发思,鄢金灼,蔡泽平,等. 大、小苏干湖浮游藻类的群落组成特点研究[J]. 水生生物学报,2009,33(2):264-270.

[62] 武云飞,谭齐佳. 青藏高原鱼类区系特征及其形成的地史原因分析[J]. 动物学报,1991(2):135-152.

[63] 武云飞,于登攀,吴翠珍,等. 青海可可西里地区鱼类资源及其保护的初步研究[J]. 动物学杂志,1994(2):9-17.

[64] 武云飞. 青藏高原鱼类[M]. 成都:四川科学技术出版社,1992.

[65] 夏鹏章. 1978 年长江江源考察拍摄工作始末[J]. 长江志季刊,2001(3):47-54.

[66] 熊飞,李文朝,潘继征. 高原深水湖泊抚仙湖大型底栖动物群落结构及多样性[J]. 生物多样性,2008,16(3):288-297.

[67] 徐平,李其江,黄茁,等. 长江和澜沧江源区生态环境综合科学考察(2012—2016)[M]. 北京:科学出版社,2018.

[68] 闫霞,周银军,姚仕明. 长江源区河流地貌及水沙特性[J]. 长江科学院院报,2019,36(12):10-15.

[69] 杨建平,丁永建,刘时银,等. 长江黄河源区冰川变化及其对河川径流的影响[J]. 自然资源学报,2003,18(5):595-602.

[70] 易仲强,刘德富,杨正健,等. 三峡水库香溪河库湾水温

结构及其对春季水华的影响[J]. 水生态学,2009,2(5):7-10.

[71] 殷大聪,许继军,金燕,等. 长江源与澜沧江源区浮游植物组成与分布特性研究[J]. 长江科学院院报,2017,34(1):61-66.

[72] 玉树藏族自治州人民政府网. 2006 年玉树藏族自治州国民经济和社会发展统计公报[EB/OL]. http://www. yushuzhou. gov. cn/html/1386/124426. html.

[73] 玉树藏族自治州人民政府网. 2007 年玉树藏族自治州国民经济和社会发展统计公报[EB/OL]. http://www. yushuzhou. gov. cn/html/1386/124427. html.

[74] 玉树藏族自治州人民政府网. 2009 年玉树藏族自治州国民经济和社会发展统计公报[EB/OL]. http://www. yushuzhou. gov. cn/html/1386/124428. html.

[75] 玉树藏族自治州人民政府网. 2010 年玉树藏族自治州国民经济和社会发展统计公报[EB/OL]. http://www. yushuzhou. gov. cn/html/1386/124429. html.

[76] 玉树藏族自治州人民政府网. 2011 年玉树藏族自治州国民经济和社会发展统计公报[EB/OL]. http://www. yushuzhou. gov. cn/html/1386/124430. html.

[77] 玉树藏族自治州人民政府网. 2012 年玉树藏族自治州国民经济和社会发展统计公报[EB/OL]. http://www. yushuzhou. gov. cn/html/1386/124431. html.

[78] 玉树藏族自治州人民政府网. 2013 年玉树藏族自治州国民经济和社会发展统计公报[EB/OL]. http://www. yushuzhou. gov. cn/html/1386/124432. html.

[79] 玉树藏族自治州人民政府网. 2014 年玉树藏族自治州国民经济和社会发展统计公报[EB/OL]. http://www. yushuzhou. gov. cn/html/1386/124433. html.

[80] 玉树州人民政府,玉树州地方志编纂委员会办公室. 玉树藏族自治州年鉴(2016)[M]. 玉树州:青海民族出版社,2016.

[81] 玉树州人民政府,玉树州地方志编纂委员会办公室. 玉树藏族自治州年鉴(2017)[M]. 玉树州:青海民族出版社,2017.

[82] 张春霖,岳佐和,黄宏金. 西藏南部的裸鲤属(*Gymnocypris*)鱼类[J]. 动物学报,1964(1):142-153.

[83] 张平仓,刘纪根. 长江源区水土流失考察初析[J]. 人民长江,2011,42(19):95-99.

[84] 长江水利委员会,青海省水利厅. 2010 年长江源综合考察与研究[M]. 武汉:长江出版社,2011.

[85] 赵林,盛煜,等. 青藏高原多年冻土及变化[M]. 北京:科学出版社,2018.

[86] 赵伟华. 中国河流底栖动物宏观格局及黄河下游生态需水研究[D]. 武汉:中国科学院水生生物研究所,2010.

[87] 中国统计信息网. 玉树藏族自治州 2008 年国民经济和社会发展统计公报[EB/OL]. http://www.tjcn.org/tjgb/29qh/11312.html,2010-04-17.

[88] 中国统计信息网. 玉树藏族自治州 2017 年国民经济和社会发展统计公报[EB/OL]. http://www.tjcn.org/tjgb/29qh/35511_2.html,2018-04-25.

[89] 中国统计信息网. 玉树藏族自治州 2018 年国民经济和社会发展统计公报[EB/OL]. http://www.tjcn.org/tjgb/29qh/36092.html,2019-07-04.

[90] 周贤君. 拉萨裂腹鱼个体生物学和种群动态研究[D]. 武汉:华中农业大学,2014.

[91] 朱立平,鞠建廷,乔宝晋,等. “亚洲水塔”的近期湖泊变化及气候响应:进展、问题与展望[J]. 科学通报,2019,64:2796-2806.

附　图

Integrated Scientific Expedition Report on the Headwaters of the Yangtze River 2019

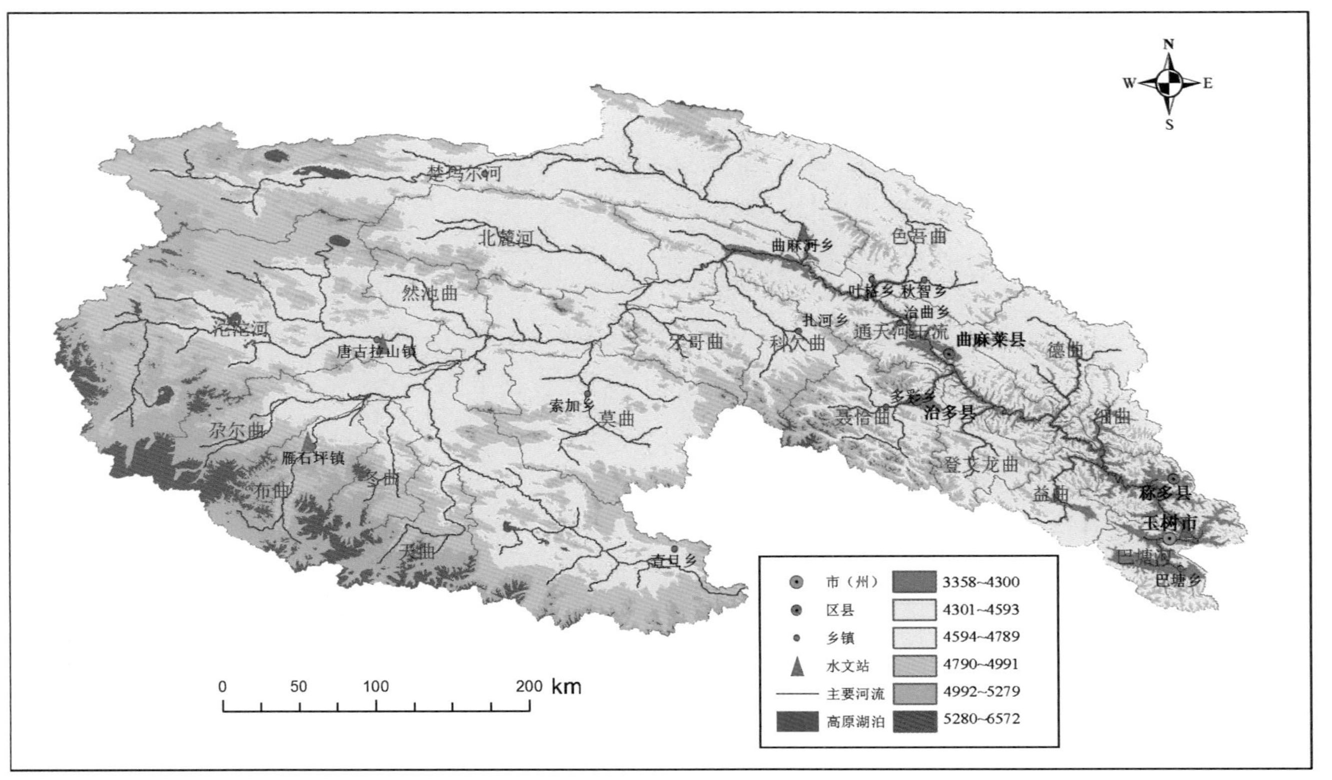

附图1　长江源区水系分布图

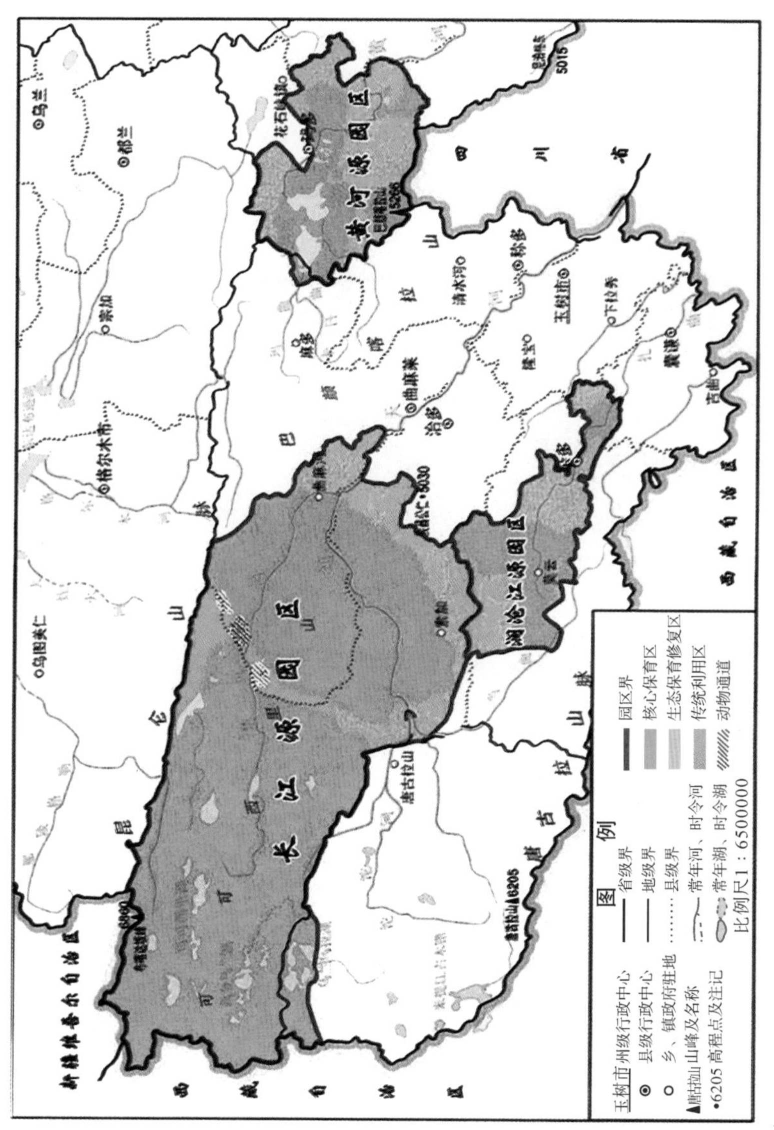

附图2 三江源国家公园示意图

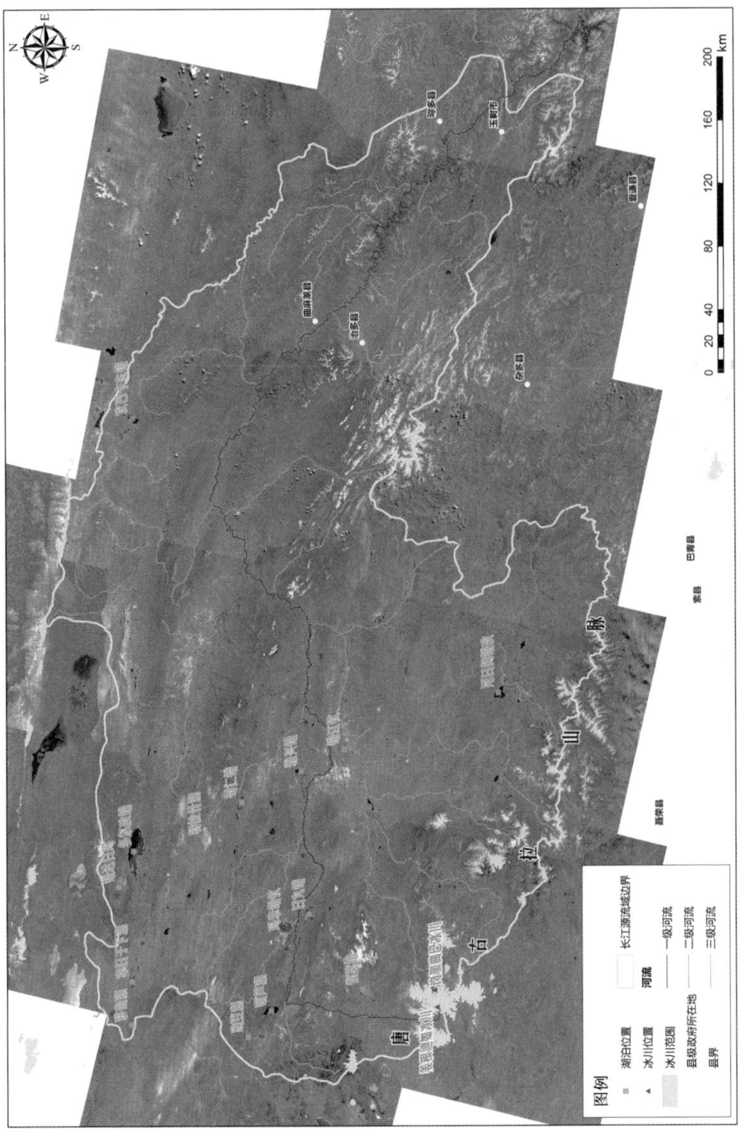

附图3　长江源区湖泊与冰川分布图

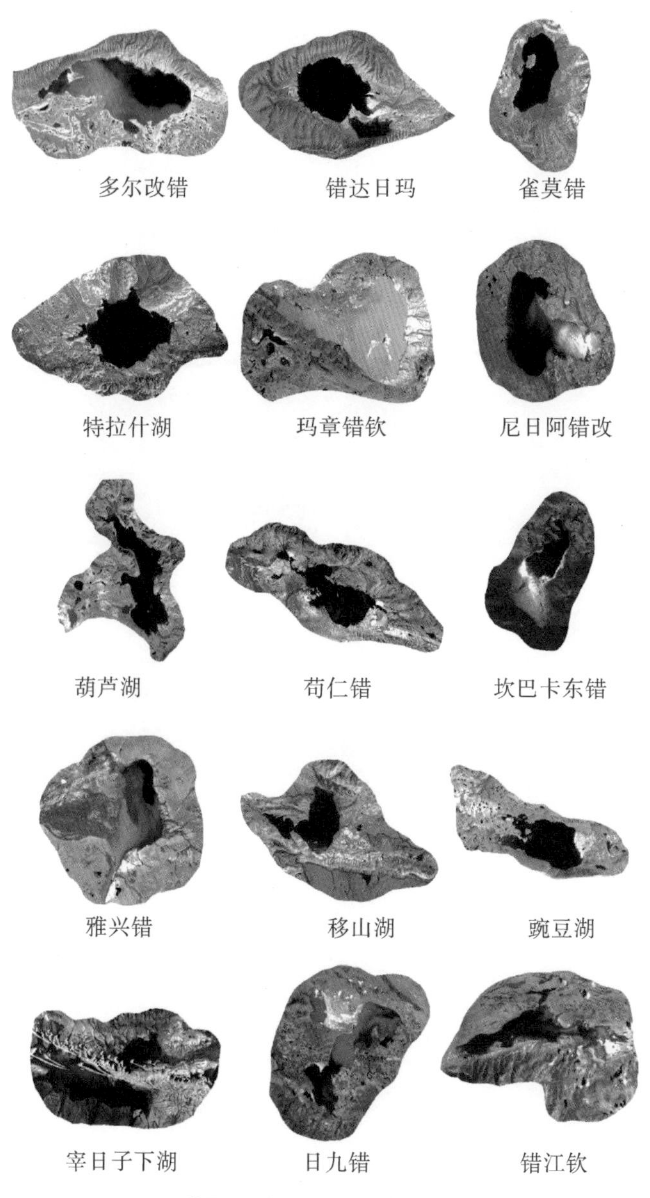

附图 4　长江源区湖泊形态图

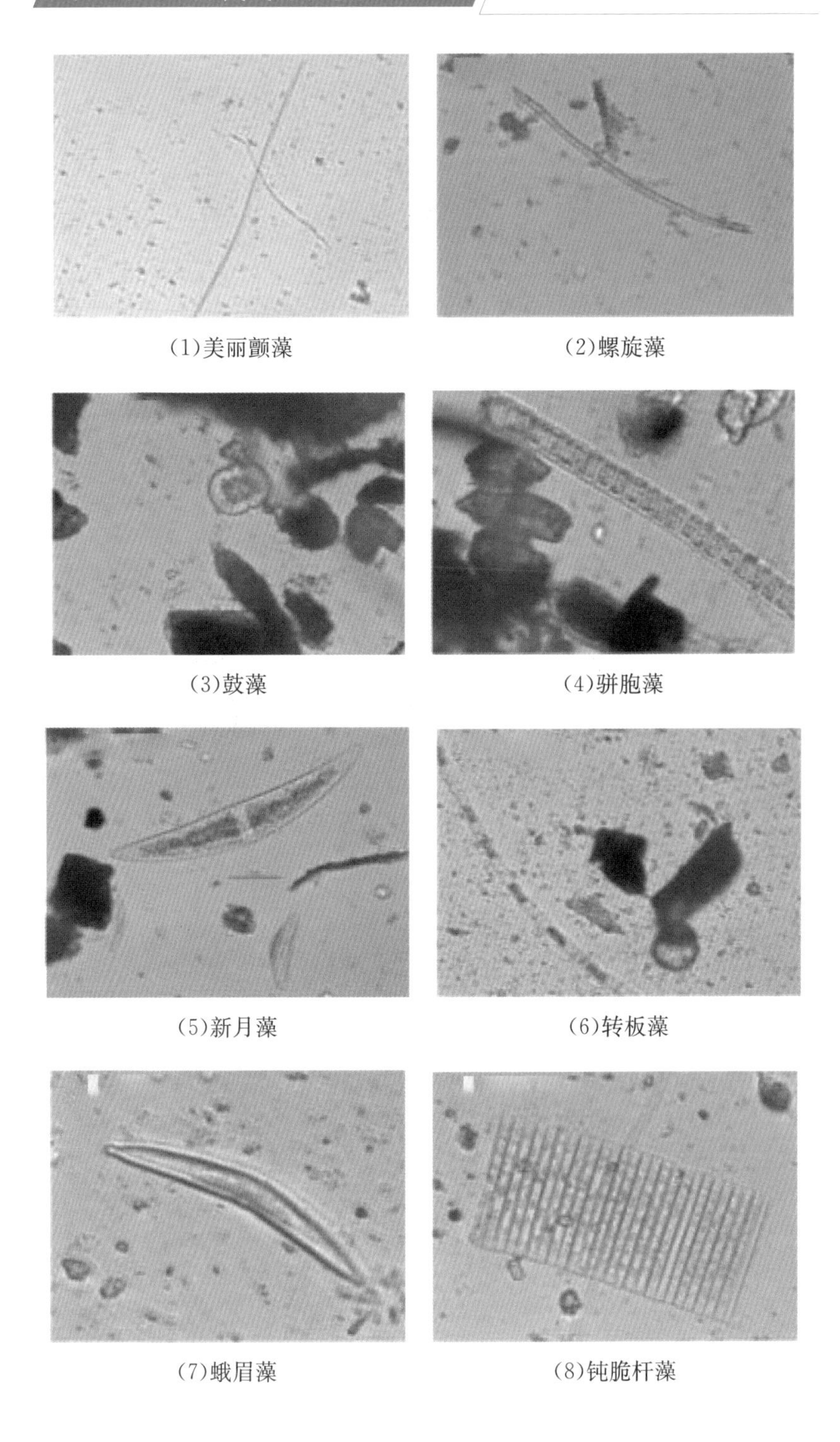

(1)美丽颤藻　(2)螺旋藻

(3)鼓藻　(4)骈胞藻

(5)新月藻　(6)转板藻

(7)蛾眉藻　(8)钝脆杆藻

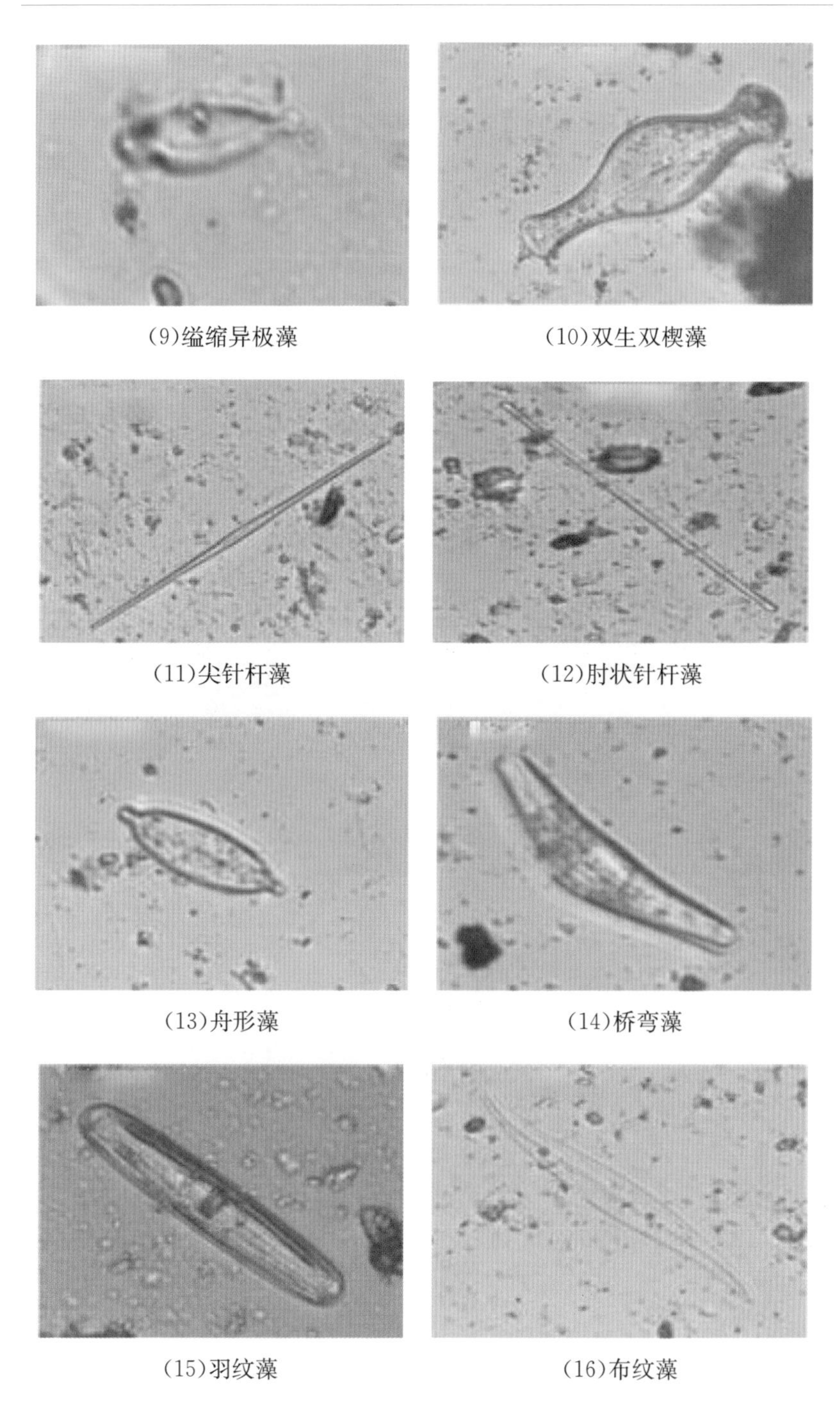

(9)缢缩异极藻

(10)双生双楔藻

(11)尖针杆藻

(12)肘状针杆藻

(13)舟形藻

(14)桥弯藻

(15)羽纹藻

(16)布纹藻

附图5 长江源区浮游植物样本图

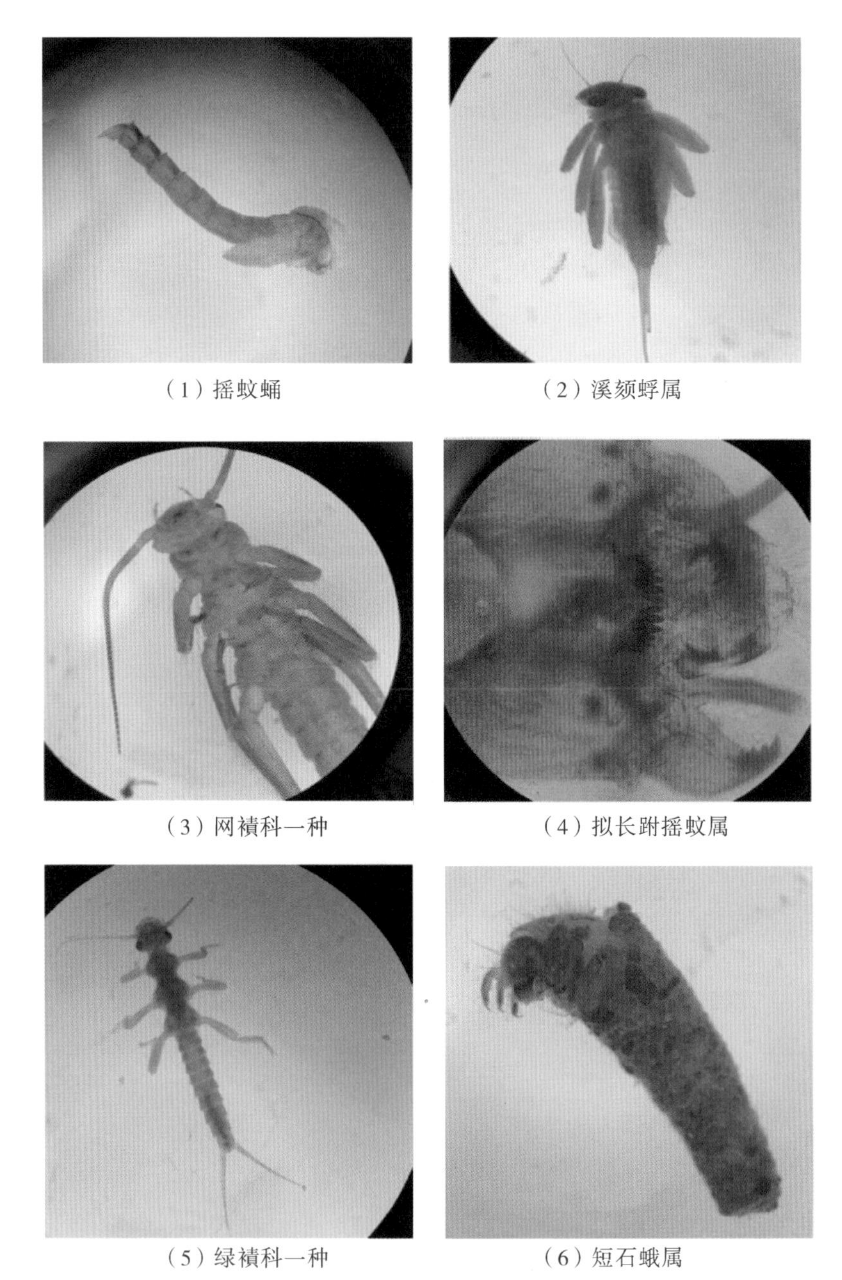

（1）摇蚊蛹　　（2）溪颏蜉属

（3）网襀科一种　　（4）拟长跗摇蚊属

（5）绿襀科一种　　（6）短石蛾属

附图 6　长江源区底栖动物样本图